LES RUSSES

EN 1877—78

(GUERRE D'ORIENT)

PAR

LE MAJOR OSMAN-BEY,
KIBRIZLI-ZADÉ

BERLIN

FRÉDÉRIC LUCKHARDT, ÉDITEUR

1889

LES RUSSES

EN 1877—78

(GUERRE D'ORIENT)

PAR

LE MAJOR OSMAN-BEY,
KIBRIZLI-ZADÉ

BERLIN
FRÉDÉRIC LUCKHARDT, ÉDITEUR

1889

Table des matières.

AVANT-PROPOS.

La guerre Franco-Allemande a donné naissance à une vaste littérature militaire. Car, si les belligérants ont tenu en honneur de faire entendre chacun sa version, les spectateurs impartiaux n'ont pas été moins empressés à analyser et à discuter les différents épisodes du grand drame. C'est ainsi que les hommes militaires et politiques ont su se former une opinion sur les causes et sur les effets, tant soit d'ordre moral que d'ordre physique qui caractérisent cette lutte gigantesque.

La littérature militaire, par contre, est restée presque muette au sujet de la dernière guerre d'Orient, où l'on a vu les Russes et les Turcs se mesurer corps à corps, dans une sorte de duel, tacitement combiné ou accepté d'avance par des spectateurs plus ou moins désintéressés.

Ce silence s'explique tout d'abord par le fait qu'une des parties en cause, les Turcs se soucient fort peu de faire valoir leurs raisons et d'exposer leur conduite devant un jury d'experts ou devant l'histoire. Le Turc se bat pour sa foi; il fait son devoir aussi bien qu'il peut; voilà tout: pour le reste, arrive ce qui pourra; il accepte tout avec la résignation qu'inspire la foi en Dieu et dans la fatalité.

„A quoi bon toutes ces discussions, ces arguties, ces cris après coup?" se disent les Turcs: et sur cela ils se taisent stoïquement; libre aux autres de faire tout le vacarme qu'ils veulent.

Que l'on ne s'étonne pas donc du silence hautain que garde l'état-major Ottoman sur tout ce qui a rapport à la guerre de 1877—1878: vu que ce silence est chez lui traditionnel. Ainsi dans les armées turques on n'a jamais songé à élaborer des récits détaillés et précis, l'historique, comme on dit, des fameuses batailles de Varna, de Kossova ou de Mohaç.

Ce qui est plus singulier encore, c'est que, à l'instar des Occidentaux, les peuples Musulmans n'ont point l'habitude de célébrer et de fêter les anniversaires de leurs triomphes. Ils se montrent tout aussi indifférents à l'égard de la bonne que de la mauvaise fortune.

„Cela devait être: cela était écrit."

Se disent-ils: et après cela on n'en parle plus.

Si donc les Turcs gardent le silence au sujet de la dernière guerre les Russes de leur côté se sont montrés assez sobres. Car voici bientôt onze années qui se sont écoulées depuis la guerre, et l'état-major russe ne se montre guère empressé de donner l'historique détaillé et précis des opérations qu'il a entreprises sur les deux théâtres, tant sur celui d'Europe que sur celui d'Asie. Ce silence ne doit-il pas être interprêté comme un aveu indirect, tacite, des mécomptes essuyés par les armes de la Russie; comme un indice qui trahit les déboires qu'a éprouvés sa politique en Orient?

Pour combler la lacune produite par le mutisme des uns et par la discrétion des autres, nous avons entrepris cette étude où nous exposerons à grands traits les événements auxquels nous avons pris part, soit comme soldat, soit comme homme politique.

CAUSES DE LA GUERRE.

Le motif, l'idee génératrice, d'où jaillit la guerre de 1877—78 se résume en ces quelques mots, pour ce qui concerne, bien entendu, l'offensive, les Russes.

La guerre franco-allemande a eu comme résultat d'établir l'ascendant de la race germanique aux dépens des races Latine et Slave. La Russie, puissance Slave par excellence, se vit forcée de rétablir l'équilibre en élevant l'élément Slave si non au-dessus, au moins à l'hauteur des Germains. De sa part, un effort dans ce sens était naturel et par conséquent legitime.

Tout problème politique se présente sous un double aspect abstrait et pratique: aussi, pour qu'il soit solvable doit-il être à la fois juste en théorie et réalisable dans la pratique.

Les hommes d'état qui, à l'époque, dirigeaient la politique russe, se trouvèrent face à face avec un dilemme lorsqu'ils durent envisager le côté pratique de la question. En effet, deux chemins se présentaient devant eux en vue d'atteindre leur objectif, le relèvement des peuples Slaves sous l'égide protectrice de la Russie. Ou il leur fallait donner la main aux Slaves du centre de l'Europe, en se heurtant contre l'Autriche: ou bien ils devaient attaquer la Turquie, afin d'arracher de ses étreintes les nations Slaves soumises à son joug.

La première de ces entreprises ayant été reconnue impossible, le cabinet de St. Pétersbourg dut nécessairement se rabattre sur l'autre. Mais avant d'en venir aux gros mots et aux voies de faits, la Russie voulut essayer une transaction, un arrangement à l'amiable. Sa diplomatie réussit en effet à entamer des négociations avec la Sublime Porte dans le but d'obtenir pour la Serbie l'indépendance et pour la Bulgarie une sorte d'autonomie.

Les premiers succès de la diplomatie russe étaient dus avant tout, à l'esprit de conciliation dont faisait preuve le Sultan Abd-ul-Aziz et son premier ministre, Mahmoud-Nedim: vulgairement surnommé Nedimof, ou Nedim le russe, par les russophobes, les soi-disants amis de la Turquie.

Tout esprit impartial doit reconnaitre, pourtant que ni Mahmoud-Nedim, et encore moins son souverain, n'étaient des instruments serviles de la politique russe. Une vue nette et large de la situation avait donné à Abd-ul-Aziz la conviction que la Turquie avait tout à perdre et rien à gagner d'une lutte avec la Russie. De là sa résolution de négocier, de transiger en vue de ménager, autant que possible, l'hon-

neur et les forces vitales de son empire: et cela
sans montrer ni faiblesse, ni condescendance excessive.

Ce grand souverain, digne d'un meilleur sort, n'a
nullement fait un mystère de sa politique, du but qu'il
poursuivait: car, voici les termes dans les quels il
s'exprimait en plein conseil ainsi que dans l'intimité:

„Pendant quinze ans de règne, je n'ai travaillé
qu'à une chose: doter la Turquie de la plus forte
et de la plus belle armée qu'elle ait eue depuis des
siècles. Mon sabre est donc prêt: mais je me gar-
derai bien de le dégaîner pour des luttes stériles,
sans profit; ce sabre doit peser dans la balance, afin
d'asurer à mon peuple l'honneur et l'indépendance."

Telle étant la pensée intime et le mobile de
la politique du défunt sultan, son rapprochement
de la Russie en découlait de soi-même. S'il avait
été permis aux deux empires d'aboutir à un arrangement quelconque, la guerre eût été évitée et le
démembrement de la Turquie aussi.

Mais, au moment où la Turquie et la Russie
étaient sur le point de surmonter toute difficulté,
et de s'entendre, un tiers survient, donne un coup
de pied violent à la table et renverse tout. C'est
à l'Angleterre, son ami traditionnel, que la Turquie est redevable de ce fameux service.

Quel était le mobile qui poussait, en cette circonstance, l'Angleterre à agir de cette façon et qui la
déterminait, à brouiller les cartes à tout prix, même au
risque de lancer son amie tête baissée dans l'abîme?

Les esprits naïfs s'imaginaient que le cabinet de Londres n'était mu, en cette occasion, que par un sentiment bien naturel de jalousie à l'égard de son rival de la Néva. Ces imbéciles croyaient que leurs amis, les Anglais, tenaient avant tout à sauvegarder l'intégrité territoriale de l'Empire Ottoman, dont ils sont, au premier chef, garants et solidaires. Comment auraient-ils pu se douter que l'Angleterre avait conçu le sinistre dessein de profiter d'une bagarre entre Russes et Turcs pour mettre la main sur l'Egypte?

Et pourtant le calcul de Lord Beaconsfield était bien simple; le rusé israelite s'était dit ainsi:

Il nous faut l'Egypte à tout prix; l'empire des Indes et la domination sur la Méditerrannée y sont intimement liés. Que faire pour cela? . . . Affronter les forces reguliéres de la Turquie avec nos quelques jaquettes-rouges, c'est hors de question: il ne nous reste alors qu'à lancer les Turcs contre les Russes pour profiter ensuite de la ruine des deux.

Ce calcul, éminemment machiavélique, était fort juste. Car, de deux choses l'une: ou les Turcs seraient battus ou bien ils sortiraient vainqueurs de la lutte. Dans la première hypothèse, un partage s'ensuivrait qui permettrait aux Anglais de s'approprier l'Egypte, à peu de frais: dans la seconde, qui était d'ailleurs peu vraisemblable, la Turquie meurtrie et affaiblie n'aurait pu s'engager dans une nouvelle lutte contre l'Angleterre.

S'inspirant donc de ces bonnes intentions, la diplomatie anglaise se mit à l'oeuvre dans le but déterminé de faire dérailler les négociations qui se poursuivaient activement entre l'ambassade de Russie et la Porte. Mais tous les efforts du représentant de la grande Bretagne échouèrent devant la résistance et la volonté inébranlable du Sultan. Dès lors, l'on décida à Londres de se défaire du Sultan récalcitrant, coûte que coûte.

La première chose qu'on fit dans cet ordre d'idées ce fut de donner la main aux mécontents de la jeune Turquie, avec la consigne bien définie et précise de renserver le Sultan, de proclamer la constitution et de s'opposer à la Russie les armes à la main, s'il le fallait. Le Seraskier Hussein-Avni, Midhat Pacha, Ruchdi-Pacha et d'autres se chargèrent bénévolement de l'exécution de ce projet dont les suites, connues de tous, ont été si funestes pour la Turquie.

- Après bien des tiraillements, des manoeuvres et des contre-manoeuvres, la mine fut chargée et l'explosion s'ensuivit avec fracas. Abd-ul-Aziz, la bête noire de la politique anglaise, fut détrôné et garrotté, et la politique de répression (des atrocités) fut inaugurée sur toute la ligne. Dés ce moment toute concession et toute transaction à l'égard des Bulgares, des Serbes, etc. furent répudiées et déclarées haute trahison.

Il n'en fallait pas davantage pour accoler la Russie au mur et l'obliger à relever le gant. En effet, la défaite des Serbes sur la Morava mettait en question de nouveau l'avenir des Slaves méridionaux, dont le relèvement était, comme il a déjà été expliqué, l'objectif de la politique russe ou panslaviste. Il ne restait, donc à la Russie, le cas échéant, qu'a transférer le differend du tapis vert des négociations sur le terrain de la lutte à main armée.

De ces prémisses, il en découle que pour l'offensive, la politique de la guerre se résumait dans la formule suivante: combattre pour la délivrance des peuples slaves du joug turc: pour la défensive, par contre, c'était la formule inverse, c'est à dire: répression à outrance et défense désespérée.

Comme conclusion nous devons ici faire observer que la politique adoptée par la défense était la conséquence inévitable de l'impulsion qu'elle venait de recevoir, grâce aux instigateurs du dehors. Le souffle satanique qui avait commencé par allumer la rébellion, par provoquer le régicide et les assassinats, reparaît à tout bout de champ sur le théâtre de la guerre, y semant la terreur, les incendies et les massacres.

Aussi, Gladstone était-il dans le vrai, lorsqu'il éleva sa voix en plein parlement pour dénoncer la politique des atrocités, patronnée par son rival. Ce qu'on peut lui reprocher, cependant, c'est de n'avoir dit la vérité qu'à-demi: car au lieu d'anathémiser les Turcs, qui n'étaient après tout que des instru-

ments inconscients, ce grand orateur aurait dû mettre
au pilori le premier ministre de la Reine, en le déclarant responsable, au premier chef, des horreurs dont
l'Orient était le théâtre. Comme Anglais, Gladstone
ne pouvait pas tout dire, cela se conçoit: aussi se
orna-t-il à terrasser l'hydre d'un coup tel qu'elle ne
s'est plus relevée.

Comme l'on se souvient, le ministère Beaconsfield sombra alors et Gladstone prit la direction des
affaires.

Il nous reste ici à dire un mot sur nous-mêmes,
afin que le lecteur sache par quels caprices du sort nous
nous trouvions dans le camp russe, combattant nos
propres compatriotes.

Ma famille et moi, nous comptions parmi
les partisans les plus dévoués à Abd-ul-Aziz:
et par conséquent nous étions des adversaires dé-
clarés de l'influence anglaise. Lorsque la jeune
Turquie se mit à la remorque des agens provocateurs de Beaconsfield, nous payâmes de notre personne afin d'éclairer nos compatriotes et de les arracher
des griffes du Sphinx. Mais ce fut envain: hyp-
notisés, ils étaient perdus déjà.

A la veille de la guerre, nous réitérâmes nos
efforts auprès de nos anciens camarades et collègues,
les conjurant de ne pas se lancer dans une aventure,
qui ne pouvait tourner qu'au désavantage de notre
patrie. Comme nous prêchions dans le désert, force
nous fut de faire taire les intrigues anglaises, en

cédant la parole aux canons russes. Si nous avions eu des canons à nous, nous les aurions, certes, préférés.

Bref, nous avons achevé sur le champ de bataille la vengeance du Circassien Hassan, dont le poignard fit table rase des assassins de son bien-aimé souverain et maître. Si la vengeance d'Hassan a été stérile en résultats; la nôtre, par contre, a arrêté le sang de la patrie qui coulait, en hâtant une solution, en abrégeant la lutte. C'est par la prise de Kars, comme l'on verra, qu'il nous a été donné de rendre ce service à notre pays.

LES BELLIGÉRANTS.

Les écrivains qui se sont occupés de la guerre de 1877—78, ont déjà donné tous les détails voulus par rapport à l'effectif et à l'organisation des armées qui ont lutté, soit en Bulgarie, soit en Asie. De notre point de vue on embrassera une étendue plus vaste: car nous nous réservons de traiter le sujet d'une façon générale, plutôt stratégique que tactique; sans omettre pourtant ces détails tactiques dont nous sommes des témoins oculaires.

Nous commencerons donc par quelques observations sur les qualités que possèdent les deux adversaires.

D'aucuns ont prétendu que ce qui constitue la force, le nerf de l'armée russe, c'est qu'elle réunit deux élements diamétralement opposés que l'on chercherait en vain dans d'autres armées. D'après cette théorie, l'armée russe possède dans ses chefs une classe dirigeante qui est à la hauteur de tous les progrès de la science : à la volonté de ce corps d'élite obéit aveugl'ment une masse douée de toutes les qualités guerrières qui distinguent les peuples primitifs et à demi-sauvages. En d'autres mots, dans l'armée russe des officiers modèles font exécuter leurs ordres par des soldats endurcis aux fatigues, à l'épreuve de tout et féroces dans le combat.

Nous hésitons à contre-signer la première de ces deux propositions, vu qu'elle est tout à fait inadmissible. Sans avoir recours à ces adages qui disent: tel maître, tel valet: ou bien, chaque nation a le gouvernement, les chefs, qu'elle mérite: il n'en saute pas moins aux yeux qu'il est, matériellement parlant, impossible, qu'un pays récemment arrivé à la civilisation, puisse produire des sujets semblables à ceux qui naissent au milieu d'une civilisation de longue date.

Nous basant sur notre propre expérience, nous n'hésitons point à affirmer, au contraire, que le corps des officiers de l'armée russe, l'état-major y compris, n'est qu'une bonne copie des officiers des autres armées, que ce soit l'armée allemande, autrichienne ou française. Celles-ci restent les prototypes, l'autre une imitation.

D'ailleurs, il en est en Russie de l'art militaire, ce qui en est des autres arts et métiers. Dans la peinture, dans la sculpture, dans l'art dramatique etc. les progrès accomplis par les Russes, quoique surprenants, n'en sont pas moins relatifs. Et cela ne saurait être autrement; vu que dans la nature tout se tient, tout marche simultanément vers le progrès, ainsi que vers la décadence.

Pour en revenir à notre sujet, la valeur intrinsèque de l'officier russe, notre thèse trouve une sanction éclatante dans les annales militaires de la Russie, où brillent les noms de Barclay de Tolly, Lüders, Bervick, Berg, Kaufmann, Todleben et tant d'autres, dont la supériorité provient de ce que ces hommes de guerre tirent leur origine d'un milieu plus avancé, plus perfectionné.

Quant au soldat, je me contenterai de dire qu'il est résigné, sobre et brave: l'asiatique est plus impétueux*) mais le russe proprement dit, a plus de sang-froid.

Passons maintenant à un point bien plus important; c'est la cohésion que possède dans son ensemble l'armée russe: cela nous conduit à analyser et à déterminer le lien qui rattache le chef à ses subordonnés, afin de nous assurer si les deux classes sont bien soudées et justa-posées.

Personne n'ignore que la Russie ne traverse une période de transition, tant sous le rapport social que sous celui de ses institutions militaires. De même que la société russe a été mise sens dessus-dessous par l'émancipation des serfs, l'armée a également été transformée à la suite de nombreuses innovations.

*) Les Plastounis, au Caucase, sont sans égal à l'arme blanche.

Avant la guerre de Crimée, le régiment était une unité tactique et domestique; car il constituait une vraie ruche de soldats et de leurs familles, tout un clan, c'est à dire, dépendant du colonel qui était à la fois le patriarche et le chef de cette famille militaire. Ce chef joussait donc d'un pouvoir illimité; car il avait, en quelque sorte, droit de vie et de mort: si d'une main il agitait le knout, de l'autre il semait les roubles à profusion au milieu de son monde.

Cela dit, l'on conçoit aisément comment les colonels du vieux régime étaient craints et aimés tout à la fois de leurs soldats. Qu'on ne s'en étonne pas; vu que, de tout temps le troupier a montré un faible, voire même de l'enthousiasme, pour ces chefs à poil qui peuvent faire quelque chose. Par contre, le soldat se soucie fort peu de ces chefs impotants, dont l'action se limite à quelques rapports avec l'eau de rose, à des mots et à rien de plus.

Les innovateurs, de la trempe du général Milutine, ont fait grand bruit des abus du vieux régime, tels que vols à discrétion, knouts torrentiels, etc. Mais ce qu'on ne saurait nier c'est que les régiments d'alors étaient compactes, serrés comme une masse d'acier; et que lorsqu'il fallait marcher à l'ennemi, chaque colonel se présentait avec son régiment, au grand complet, tant sous le rapport de l'effectif, que sous celui de l'équipement. En d'autres mots, lorsque l'honneur du régiment l'exigeait, le colonel crachait tout ce qu'il avait volé en temps de paix: il y ajoutait même du sien, afin de faire faire bonne figure à ceux qu'il appelait „mes hommes" et qui étaient en effet les siens.

Si Milutine s'imagine que son système centralisateur a tari la source des vols, nous nous faisons un devoir de lui faire perdre toute illusion à cet égard. La seule différence qu'il y a entre le vieux et le nouveau régime, c'est qu'auparavant les petits (les colonels) étaient admis à voler: aujourd'hui le vol est centralisé et réservé aux hautes sphères.

En attendant, le régiment, la famille militaire, s'est fondue: elle n'existe plus telle qu'elle existait du temps de Souvarof, le vainqueur de Novi et de Yermolof, le conquérant du Caucase. Seuls les Cosaques du Don, du Kuban et ceux du Terek ont conservé l'ancienne organisation, qui était en harmonie avec le tempérament et les habitudes du peuple russe. L'armée régulière, ainsi nommée, a adopté le système du beaucoup et mauvais, par opposition à celui du peu mais bon.

Quelle différence entre ces officiers, ces hetmans, habitués dès leur enfance à obéir et à commander, et ces pédagogues, doublés de dandis, qui finissent par embêter les régiments avec leurs théories et leurs fadaises! Les premiers ressemblent à ces gentlemen amateurs qui vous conduisent avec aise et d'une main ferme quatre couples de chevaux, les autres ont de la peine à conduire un seul cheval; à chaque moment ils ont l'air de vouloir vider leur siège.

Du moment que la polémique nous a entrainé à parler de chevaux, traitons tout de suite la question de la cavalerie, l'arme par excellence de l'armée russe. La Russie possède en effet la cavalerie la plus nombreuse et la mieux conditionnée du monde. Et cela ne saurait être autrement, vu que le cheval des steppes l'emporte sur tous les chevaux du monde civilisé, gâtés comme ils sont par un régime artificiel et énervant.

Il y aurait une expérience à faire en vue de constater la supériorité du cheval russe et son aptitude à supporter les privations et les fatigues de la guerre. Nous proposons que l'on fasse bivouaquer face à face un régiment russe et n'importe quel autre régiment de honveds ou de hulans, avec consigne d'exécuter, chacun de son côté, le service en campagne pendant un terme, disons d'un mois.

Ce terme expiré, que des experts se mettent à faire l'inspection de ces troupes: à leur grand étonnement ils trouveront le régiment russe intact, prêt à marcher, tandis que son vis-à-vis aura perdu un bon quart de son effectif, sous la double action des privations et des rigueurs de la saison.

Pour ceux qui croient à la déchéance de la cavalerie, nous nous réserverons de leur signaler, en temps et lieu opportuns, deux cas tirés de cette

Osman Bey.

guerre et qui prouvent jusqu'à l'évidence que la cavalerie peut encore décider du sort d'une campagne.

De l'armée russe passons maintenant à l'armée turque, l'autre belligérant.

Les Russes reconnaissent dans le soldat turc un digne rival: ils hésitent pourtant à reconnaître sa supériorité sous le rapport de la sobriété, du sang-froid et du d'evouement.

L'opinion généralement admise sur le compte de l'armée Ottomane, se résume en ces mots: „excellents soldats, détestables officiers“. La première de ces assertions est juste et nous la contre-signons sans hésiter! mais pour ce qui concerne la seconde nous avons notre mot à dire et nos objections à formuler.

C'est la guerre de Crimée que date la mauvais réputation faite aux officiers de l'armée turque, qui' à cette époque, laissaient certes beaucoup à désirer. Une réputation une fois faite, il est difficile de la modifier: se réhabiliter est une œuvre bien scabreuse, aussi scabreuse que de remonter les cataractes à la nage. L'opinion publique s'en tient à la première impression et elle ferme l'oreille à tout ce qu'on peut lui dire dans la suite.

Or il faut savoir que le corps des officiers est devenu presque méconnaissable pour ceux qui gardent encore les souvenirs de la guerre de Crimée. Car depuis cette époque l'école militaire de Constantinople d'un côté, les académies de guerre à l'étranger, d'un autre, on instruit et lancé une dizaine de mille officiers environ. Ce chiffre suffit pour tirer à la remorque les officiers sortis de la troupe et diriger convenablement les opérations.

D'ailleurs par rapport à l'école pratique, peu d'armées ont eu autant d'occasions que les Turcs, afin de se perfectionner dans l'art difficile de la guerre. Aussi l'armée turque se passe-t-elle des grandes manœuvres et de ces simulacres de guerre que les autres États jugent à propos de faire exécuter périodiquement par leurs troupes. En Turquie il y a peu d'officiers qui n'aient fait trois ou quatre campagnes.

Par rapport aux trois armes, nous ne pouvons qu'adhérer à l'opinion émise sur leur compte par des juges compétents en pareilles matières: c'est à dire, infanterie et artillerie excellentes, cavalerie nulle. Cette dernière lacune est motivée par la tendance dominante en Turquie, dont l'aiguille indique — „défensive absolue": cette tendance est l'inverse de celle que subissent les Russes, la tendance à l'offensive outrée.

Ici nous devons consigner quelques remarques au sujet de l'aptitude des Russes soit pour l'offensive soit pour la défensive, remarques que l'histoire, ainsi que notre expérience personnelle, placent en dehors de toute controverse.

Les Russes se sont de tout temps distingués tant en prenant l'offensive qu'en gardant la défen-

2*

sive: et cela à un point qu'on éprouve de l'hésitation à se prononcer par rapport au genre de combat
dans lequel ils excellent. A première vue l'offensive semble bien être leur spécialité, puisque les
Russes sont irrésistiblement entraînés vers l'attaque.
A peine la guerre a-t-elle été declarée qu'aussitôt
on entend pousser de tous côtés le cris de Napriot!
Napriot! En avant! en avant!

Aussitôt la masse s'ébranle, et avant même
d'être en contact, on est enivré et emporté par la
fouge de l'offensive.

Malheureusement, il arrive souvent (et même
trop souvent) que le Napriot est remplacé par le
Nazat (en arrière). Dès ce moment le Russe se
voit rejeté sur la défensive, phase dans laquelle il
sait pourtant se battre avec opiniâtreté. C'est alors
qu'il se ratrappe des pertes subies par une offensive
trop hardie et irréfléchie.

Le tableau que nous venons de tracer est
l'historique abrégé de toutes les guerres entreprises
par les Russes, depuis les jours de Pierre le Grand*)
et de Catherine jusqu'à Plévna.

Poussé par un élan chevaleresque, ainsi que
par la présomption, le Russe se lance en avant
contre la mitraille et tous les tonnerres: après s'être
fait bien arranger la tête, il se ramasse et lutte en
désespéré pour sauver l'honneur. C'est là le seul
profit qui lui reste dans la plupart des cas.

---

*) L'histoire turque lui a conféré le titre de „Pierre le fou".

La morale à tirer de ces enseignements de l'histoire, c'est que les Russes ne sont jamais à même de dresser un plan offensif, tant soit peu rationnel et pratique. Nous allons maintenant illustrer cette morale par le récit analytique des opérations sur les deux échiquiers d'Europe et d'Asie.

————

OPÉRATIONS SUR LE DANUBE.

Grand fut l'enthousiasme, le jour de la déclaration de la guerre à Kischinief, où se trouvait le Czar et sa suite. A cette occasion je fis acte de présence, félicitant S. M. pour un événement qui comblait mon âme de joie. Le moment de régler mes comptes avec les Anglo-turcs etait enfin arrivé.

*) Je ne manquai pas, comme de raison, de me présenter aussi au général Néopomucinsky, chef d'état-major, qui devait être le Moltke de la campagne. Physionomiste, je perdis touteillusion à son égard, dès la première entrevue. Que l'on se représente un petit homme, gras, gros et rondelet, le type du bon-vivant, et on aura l'image de ce stratégiste en herbe.

En lisant dans les yeux du général, on pouvait apercevoir l'esprit confiant, sûr de son affaire. En effet, en ce moment là Népomucinsky aurait parié n'importe quoi, que dans deux mois, tout au plus,

*) Nous renvoyons le lecteur pour de plus amples détails à notre ouvrage récemment publié, sous le litre „Wie ich Mutter und Vaterland rächte", Berlin 1889.

il planterait les Aigles russes sur le dôme de Sainte-Sophie. Aussi affectait-il des airs de stratégiste profond, dont la cervelle se perd dans des calculs infiniésimaux.

Qui aurait pu prévoir que sous peu ce brave homme devait exécuter un pique-tête solennel, disparaissant à tout jamais ensemble avec ses plans, ses cartes et ses cartons!

C'est à Plévna, en effet, que sombra la fortune de Néopomucinsky, pour faire place à l'étoile croissante de Todleben.

Ainsi que l'expérience vient de le prouver, le plan de campagne élaboré par l'état-major russe était vicieux sous maints rapports. Et comment aurait-il pu en être autrement, une fois qu'on se lançait dans une grande guerre en aveugles, sans se soucier d'obtenir des renseignements, exacts sur les forces dont disposait la défense, ni sur ses dispositifs présumables!

L'état - major n'a aucune sorte d'excuse pour s'exonérer de la charge d'incapacité et d'imprévoyance; vu que sur le théâtre de la guerre, il possédait des avantages dont d'autres à sa place, auraient su admirablement tirer parti. Ainsi, en prévision d'une guerre, de nombreux émissaires panslavistes s'étaient mis à parcourir la Bulgarie dans tous les sens: de plus, la jeunesse instruite et capable était à la disposition du gouvernement russe, prête à le servir en tout et pour tout: ajoutons que deux officiers d'état-major, M. M. Bobrikof et Bogoliubof avaient entrepris une reconnaissance spéciale de la contrée. Si malgré toutes ces facilités, l'état-major russe n'a pu recueillir les données nécessaires à l'élaboration d'un plan de campagne, pour le contenter, il ne restait qu'à lui expédier, par paquet postal, toute la région Balkanique recommandée, jusqu'à St. Pétersbourg.

Le plan de campagne auquel on s'arrêta était donc basé plutôt sur l'expérience des guerres précédentes que sur les changements survenus depuis, sur l'actualité, c'est à dire. Le critère sur lequel il se basait était le suivant:

„Nous nous sommes assez frottés déjà contre les murs de Silistrie, de Choumlà, etc. où nous avons laissé des pyramides d'os. Cette fois-ci nous allons faire autrement. Aujourd'hui „dans la grande stratégie", les forteresses ne comptent pour rien (? ?). Que les Turcs restent donc dans leur quadrilatère! Nous leur servirons d'abord une démonstration par derrière (côté Est); puis nous les cernerons du côté opposé."

„Dans ces conditions, deux hypothéses se présentent. Ou les Turcs sortent et alors nous les battons; ou bien ils s'accroupissent derriére leurs forteresses; et dans ce cas nous les aurons enfermés, pendant que nos autres corps d'armée se dirigeront droit sur les Balkans et marcheront tambour battant sur Philipopoli, Adrianople et Constantinople. Il ne restera alors qu'à faire chanter une messe à Sainte-Sophie"!

C'était là le comble du sans-gêne et de l'infatuation stratégique. Faire son compte sans son hôte, c'est fort bien: mais au moins, si ce bon Néopomucinsky, avant de commander son Napriot, s'était donné la peine de s'armer jusqu' aux dents: en d'autres mots: s'il avait proportionné ses forces à l'effort qu'il s'attendait d'elles. Le plan gigantesque dont nous venons de tracer l'ébauche, exigeait pour son exécution une armée de 400,000 hommes; à condition, bien entendu, que la défense ne disposât que de la moitié seulement.

Or en commençant les opérations, les Russes n'avaient, tout compte fait que 190,000 hommes: ce chiffre avait été reconnu plus que suffisant pour battre un ennemi dont les forces étaient à peu près égales. Il est vrai que sur ce point l'état major russe était perplexe, on n'en savait rien: mais c'est justement la faute qu'on lui reproche et dont il lui serait fort difficile de se disculper.

Il est bon de noter que le quartier - général ansi que les états-majors des corps d'armée, étaient empestés par des nuées d'espions, de guides etc., des gens connaissant parfaitement le pays et tous dévoués à la cause, tels que les Bulgares, les Roumains et nombre de Levantins. Cela suffit pour juger de l'incapacité dont firent preuve pendant cette campagne ceux qui dirigeaient la partie secrète de l'état-major.

Quant à l'arrogance témoignée à l'égard des Roumains, c'est bien là un trait qui se passe de tout commentaire. Comment! les Russes qui ne connaissent que le Napriot, peuvent-ils aller bras dessus bras dessous avec des Roumains, les derniers-venus de tous les peuples! Aussi au quartier-général jugea-t-on opportun de remercier le Prince de Roumanie de ses offres de coopération: les quatre divisions roumaines stationnées dans la petite Valachie furent ainsi biffées du cadre des combattants.

PASSAGE DU DANUBE.

Le 27 juin s'effectua le passage du Danube à Sistow: c'est le 8ᵐᵉ corps qui passa le premier ensemble avec le quartier-général. A sept jours d'intervalle, le 5 juillet, passèrent également le 13ᵐᵉ et le 9ᵐᵉ corps.

Ce que nous nous hâtons de consigner ici à propos du passage du Danube, c'est qu'il ne se fit nullement à l'insu de l'ennemi; vu qu'une brigade turque était postée sur les hauteurs à droite de Sistow, d'où l'on domine la route qui conduit vers l'intérieur. Cet avant-poste à fait bonne contenance; après quoi il s'est replié, ainsi qu'il est d'usage à la guerre.

Il en résulte donc, qu'au quartier-général Ottoman on était parfaitement renseigné, depuis le 27 juin, tout au moins, sur les mouvements des Russes et leurs projets ultérieurs. Comme l'on va voir bientôt, le généralissime Ottoman était tellement bien renseigné que l'on aurait pu croire que quelque malin ne lui eût passé lescartons et toutes les paperasses de Neopomucinsky.

Aussi s'apprêtait-il à faire jouer la trappe qu'il avait dressée de longue main.

Ici l'on voit poindre à l'horizon l'astre qui va bientôt planer sur le théatre de la guerre et qui le bouleversera de fond en comble par ses conceptions, par la seule force de son génie. Les armées des deux grands empires vont lui obéir de gré ou de force; les unes en exécutant ses ordres, les autres en tâchant de se dégager de ses étreintes. Toutes les épaulettes, tous les étendards, toutes les sommités, sans exception, vont s'incliner devant sa volonté.

Cette haute personnalité n'est autre que Abdul-Kierim Pacha, généralissime des troupes Ottomanes. C'est là le type du plus grand capitaine, dont puisse se vanter la Turquie moderne; un génie émule des Radetzky, des Bem et des Moltke. L'infortune ne fait que le rendre plus grand et plus sympathique.

Ecrivain impartial, c'est pour nous un devoir de venger ici la mémoire de l'illustre stratégiste qui a fait de grandes choses, mais qui est mort en exil, méconnu et abandonné. Si les lauriers coupés et entassés par lui ont passé sur d'autres fronts, il est temps que la vérité soit connue.

Nous tenons avant tout, de réhabiliter ici un nom qui merite l'admiration et le respect de la postérité. Nous commencerons donc par l'esquisse bio-graphique du grand général.

Abdul-Kierim, ou par abréviation Abdi-Pacha, était natif de Tchirpan, petite bourgade de Thrace: de là son surnom de tschirpanli, (tschirpanois) que lui ont donné ses soldats. Elève de l'école du Génie de Cumbar-hané, il fut envoyé en 1835 à Vienne, afin d'y suivre les cours de l'Ecole-polytech-nique. Abdi y fit de bonnes études et se distin-gua tellement des autres élèves, qu'il gagna com-plètement l'affection de ses maîtres.

Le général commandant de l'École, considé-rait Abdi comme son élève favori: aussi le mon-trait-il du doigt, l'apostrophant fièrement, „Mon Abdi". Il est bon de savoir que ce général avait jadis appartenu à l'état-major de l'Archiduc Charles: c'était donc une des sommités de la vieille et belle armée Autrichienne.

Abdi d'ailleurs répondit amplement à l'estime que lui avait accordé ses maîtres et aux espérances qu'ils avaient conçues à son egard.

En 1854 il reçut le commandement de l'armée d'Asie. S'il fut battu par les Russes à Kuruk-déré, c'est que l'armée turque, dans ce temps-là, n'était pas un instrument maniable, tel qu'il l'aurait fallu à l'élève de Vienne pour se mesurer à armes égales. Le gouvernement comprit que si Abdi-Pacha avait été battu, il n'y avait pas de sa faute. Aussi s'empres-sat-on de lui confier le commandement d'abord, du

2me corps (Choumla) et puis celui du 3me (Monastir).

C'est en parcourant la Turquie d'Europe dans tous les sens que le stratégiste Ottoman eut l'occasion d'étudier pouce par pouce son terrain. En rentrant chez-lui, il se mettait aussitôt au travail de cabinet: il systématisait ses notes et ses brouillons, il corrigeait les cartes, bref, il élaborait ses plans: et cela à lui tout seul, sans dire mot à qui que ce soit.

C'est par un travail aussi assidu et aussi étendu (il lui a pris vingt ans pour en venir à bout), c'est grâce à un pareil travail, dis-je, que ce général a fait la découverte de Plévna, point stratégique qui domine cette partie de l'échiquier, et position de premier ordre, sous le rapport tactique.

Que l'on remarque que mettre le doigt sur Plévna ainsi que fit Abdi-Pacha, constitue, pour l'art militaire, une vraie découverte qui ne le cède en rien à la découverte d'une constellation faite par un astronome. Dans une découverte stratégique le mérite est encore plus grand; et cela en raison de la complexité et de la difficulté des problèmes militaires.

Il suffit de dire, pour ceux qui ne sont pas du métier, que Plévna n'a jamais joué un rôle quelconque dans les guerres tant anciennes que modèrnes. Varna, Rustchuk, Viddin, Constantinople, etc. sont connus de tout le monde par les avantages qu'ils offrent soit pour l'attaque, soit pour la défense. Mais Plévna n'était connue de personne, excepté de celui qui en a découvert les capacités et qui a ébloui le monde par les avantages qu'il a su en tirer. Bref, en stratégie Abdi-Pacha est un inventeur émerite; et les inventeurs en affaires militaires se nomment génies de guerre.

Osman-Pacha, connu de tous comme étant le héros de Plévna, ne vient qu'en seconde ligne. D'après cet exposé, qui a choisi Plévna? Qui a donné l'ordre à Osman de l'occuper et de le défendre? Abdul-Kierim-Pacha, généralissime de l'armée Ottomane et son propre Chef d'État-major; car Abdi pensait et agissait par lui-même!

Osman n'était qu'un pion, un simple pion, qu'Abdi prit de ses deux doigts, le fit marcher de Viddin à Plévna et le planta là, lui criant: „Reste ici et fais ton devoir."

D'ailleurs Abdul-Kierim avait déjà donné des preuves de ce dont il était capable. C'est lui, en effet, qui un an auparavant avait battu les Serbes et les hordes de Tchernaïef.

Le Divan, impatient d'en finir, télégraphie au commandant en chef, qui se battait à Djuniss, de prendre Alexinas le plus vite possible. Abdi-Pacha se borna à cette réponse laconique: „En deux fois 24 heures je suis à Alexinas".

Et il tint parole, la montre à la main: 48 heures après Alexinas était occupé par ses troupes. Nos lecteurs nous sauront gré, sans doute, si nous ajoutions à ce récit quelques détails intimes sur cette noble figure, qui comme tous les grands hommes, avait en soi quelque chose d'original, voire même d'excentrique:

Abdi-Pacha, était tout à la fois bon musulman, derviche et philosophe: c'est là un mélange. assez bizarre, mais qui lui allait à merveille, puisque il était sincère et sans affectation.

Abdi était audessus des misères de la vie: et à un tel point, qu'il lui répugnait de s'occuper de son ménage, de ses affaires et encore plus de la politique. Pourqu'on le laissât en paix, pourqu'on ne le dérangeât au milieu de ses calculs, il avait remis le soin de son ménage à un intendant, avec pleins pouvoirs de faire ce que bon lui semblerait. D'après cet arrangement, l'intendant pourvoyait à tout et les comptes une fois faits, il allait présenter le reste au pacha: celui-ci montrait à son intendant sa poche, toute béante, et lui disait d'un ton badin: "Fourre-moi ça là dedans".

Il va sans dire que cet argent de poche n'y restait pas longtemps, car Abdi le distribuait bien vite aux pauvres et aux nécessiteux.

Un homme d'étude, un élève allemand serait censé avoir besoin d'un cabinet de travail. Abdi, tout en prenant de l'école allemande son bon, tenait aux us et coutumes de son pays. Chez lui on ne trouvait ni table, ni secretaire; il remplaçait tout cela par le plancher de la chambre: là, en effet il étalait librement ses cartes, ses livres, ses instruments, etc. Aux chaises il préférait son petit matelas, sur lequel il croisait ses jambes, tout en tenant d'une main le tuyau de son narghilé. C'est ainsi que le Moltke turc passait ses journéeset les nuits même, mésurant, computant et calculant les marches de ses troupes et les contre-mouvementsde l'ennemi. Maintes fois ses aides-de-camp ont dû lui crier à l'oreille et le secouer pour le faire revenir à soi-même. Dieu sait où voyageait, en certains moments, l'esprit du stratégiste.

On se sent vraiment le coeur navré, quand on pense quelle a été la fin de ce grand homme. Tandisque, soit en Russie, soit en Turquie, des gens de rien enjambent les grades, accaparent sabres d'honneurs, décorations et leur train; celui qui les a fait dansé tous sur le bout de son doigt, est condamné à mourir pauvre et écoeuré dans une prison de Rhodes!

Après cette digréssion un peu longue, mais, certes, bien instructive, revenons à la trappe qui attend les Russes, la bouche béante. S'étant décidé d'arrêter les Russes à Plévna, le généralissime Ottoman avait pris ses dispositions ainsi que suit.

1[o] La brigade, en avant-poste près de Sistow, devait se retirer sur Nicopoli, où se trouvait le gros des forces.

2[o] Nicopoli devait servir d'amorce, en vue d'attirer les Russes.

3⁰ Par l'occupation de Plévna les Russes de Nicopoli et le gros de leur armée étaient pris par
le dos: leur mouvement offensif s'arrêtait du coup·

4⁰ Enfin le corps d'armée de Sophia se tenait en
resèrve.

Quelques explications ne seront pas de trop afin
de faire ressortir toute l'habileté de cette conception,
dont l'auteur restait, en ce moment-là, tranquillement à Choumla, sûr de l'effet de sa trappe.

A. La retraite des Turcs de Sistow sur Nicopoli devait nécessairement attirer les Russes de ce
côté et les tenter à mordre l'amorce que le stratégiste turc leur montrait.

B. Abdul-Kierim savait trés bien, d'ailleurs, que
les Russes ne mánqueraient pas de se jeter tout
d'abord sur Nicopoli; et cela pour deux motifs:
1⁰ afin de dégager Sistow et assurer ainsi leur ligne
de communication; 2⁰ afin de commencer la campagne, à la Russe, par un brillant fait d'armes.
L'amorce était alléchante et Abdi-Pacha comptait
sur son effet.

C. Pendant que les Russes étaient ainsi occupés
à réduire Nicopoli, la route de Plévna restait ouverte
et l'armée sous les ordres d'Osman-Pacha s'y installait.
Cette armée remplissait le rôle de „poutre de barage"
qui devait fermer l'écluse et arréter les flots enva-
hisseurs. C'était la fameuse trappe!

L'habileté consommée de ce plan est telle, qu'on
pourrait écrire lá dessus des dissertations afin de

l'analyser et de l'expliquer dans tous ces détails. Nous limiterons forcement notre analyse aux points les plus saillants.

Que l'on observe tout d'abord comment le général Ottoman a su garder le secret jusqu'à la dernière heure, au sujét du choix qu'il avait fait de Plévna et du rôle qu'il lui réservait dans sa cervelle. Personne à Constantinople, personne au quartier-général, personne à Plévna même ne se doutait de ce qui allait se passer.

A Viddin même mystère. A Calafat, vis à vis de Viddin, les Roumains n'en savaient pas plus long: ceux-ci, se basant sur les antecédents de la guerre de 1854, s'attendaient à voir les Turcs franchir le Danube. Aussi, y travaillait-on assidûment aux tortifications, de peur de recevoir une visite inattendue. Cette duperie se communiqua nécessairement tout le long de la ligne: ni à Bucarest, ni à Pétersbourg, ni au quartier général on ne s'attendait à voir Osman Pascha fondre sur Plévna, par une marche dérobée.

En plus Osman avait l'ordre de laisser 10,000 hommes à Viddin afin de garder la place, tout en continuant à amuser les Roumains d'en face. Remarquons encore que l'effectif du corps d'armée, 40,000 hommes, était tout juste ce qu'il fallait afin d'occuper Plévna et la défendre à outrance. La défense s'en serait ressentie si l'effectif avait été plus considérable.

3*

En somme par l'occupation de Plévna, Abdi-Pacha obtenait du coup les résultats suivants: il prenait quatre corps d'armée russes par le dos; il arrêtait court leur offensive; il protégeait la Bulgarie Occidentale et les passes des Balkans; bref, il boulversait l'échiquier stratégique tout entier!

Le tacticien qui a écrit — la guerre d'Orient 1877—78, Paris — met en doute qu'Abdul-Kierim ait eu un plan de campagne arrêté; puisque ce général n'a rien publié dans la suite.

Ce tacticien ignore, évidemment, que les tacticiens turcs se battent et puis vont se coucher. Si les autres tacticiens les imitaient, le mode serait un peu plus tranquille.

COMPATS, SIÈGE, REMARQUES.

Venons maintenant aux Russes et aux surprises qui les attendaient.

Le 8 Juillet se prononça le mouvement en avant des Russes: trois corps d'armée, suivis du quartier-général se dirigent sur la Yantra: ce dernier s'arrête à Pavlo, petit village situé entre Sistow et Biela. Cette étape était bien choisie, car elle a permis à l'état-major de conjurer le gâchis qui va s'ensuivre.

Dans cet entre-temps le 9me Corps, Krudner, prend la direction opposée, ouest, et marche sur Nicopolis, suivant ainsi la piste de la brigade turque.

Fraîches, pleines d'élan, les troupes russes balaient tout et cernent la place, qui, entre paranthèse, était dans un état pitoyable. Cela se passait le 14 Juillet.

Le 16 a lieu la reddition de Nicopolis, dont le commandant, Hassan-Pacha fut porté en triomphe à Pavlo, au quartier-général, c'est à dire. Krudner était hors de lui-même: je ne sais au juste ce qu'il reçut à cette occasion: sa joie pourtant ne fut que de courte durée.

Un mystère plane sur les premiers épisodes du grand drame qui a rendu Plévna célèbre, vu que les récits varient selon qu'ils viennent de source turque ou de source russe. Nous reclamons pourtant un certain credit pour la version que nous allons donner, puisqu'elle a été cueillie sur les lieux mêmes, de la bouche des bourgeois de Plévna: voici donc ce que ces braves gens nous racontèrent dans l'automne de 1883.

Disons, tout d'abord, que Plévna se trouve au milieu d'une vallée, que dominent des· hauteurs situées au nord, au sud et à l'est. Cette petite ville, toute proprette, peut contenir deux mille maisons et 15,000 âmes, environ. Elle possède deux hôtels et un café-restaurant assez convenable: son marché est bien achallandé, puisqu'il s'y tient des foires de bêtail frequentées par des gros négociants, venant de la Hongrie, de la Roumanie, bref, de tout côté.

Or, un beau jour (15 juillet), dans l'après-midi, une douzaine de Cosaques parurent au milieu du marché, mirent pied à terre, jetèrent leurs regards par-ci, par-là, tout en consommant quelques schnaps. Cette reconnaissance achevée, les cavaliers en question enfourchent de nouveau leurs montures et partent au trot, par la route de Nicopolis.

Il est à remarquer, nous disaient les gens de Plévna, que jusqu'à ce jour là aucun militaire n'avait mit le pied dans leur ville*): aussi ses habitants jouissaient-ils de la tranquillité et de la sécurité la plus parfaite. C'était bien là le calme qui invariablement précède l'orage.

Le jour suivant (le 16) la ville se voit bouleversée de fond en comble: c'est l'avant-garde d'Osman-Pacha qui faisait son entrée; mais à peine les nouveaux-arrivés avaient-ils eu le temps de faire les faisceaux, que l'alarme est donnée et chacun prend sa place de combat. Que venait-il de se passer? Une reconnaissance, forte cette fois de trois bataillons et de Cosaques, s'était présentée inopinément, ne se doutant guère de trouver la ville déjà occupée. Le feu commença sur cela, à la suite duquel les Russes, trop faibles en nombre, durent battre en retraite. Il est bon à noter que les rapports du général Krudner ne font aucune mention de cette surprise.

C'est ainsi pourtant qu'à Plévna on raconte cette première affaire qui à été une double surprise. Des deux ce sont, certes, les Russes qui ont dû être le plus surpris: trompés par la première reconnaissance, ils ne s'attendaient nullement à voir les Turcs sortir en force de derrière les maisons et les tranchées.

Cette première rencontre aurait dû ouvrir les yeux du général Krudner. Mais en vérité, comment pouvait-il supposer qu'autour de Plévna se trouvait

---

*) Un blochaus et des retranchements avaient été élévés par les Turcs quelques mois avant.

toute l'armée d'Osmann-Pacha, qu'on croyait être, en ce moment-là encore à Viddin?

Et que dire des Cosaques, qui sont censés être les yeux de l'armée? La meilleur preuve que Krudner ne savait absolument rien et qu'il tenait à être enfin bien renseigné, on l'a dans le fait que le 17 juillet il dirigea sur Plevna un de ses généraux à la tête de 10,000 hommes, ce qui n'était après tout qu'une forte reconnaissance. Les combats meurtriers du 19—20 s'ensuivirent.

C'est alors que tomba enfin le voile: il n'y avait guère plus de doute, le 9me corps était pris par le dos; il ne lui restait qu'à gagner du temps, tout en se battant en désespéré. L'armée, la personne du Czar même étaient en danger: on était à deux doigts d'une catastrophe comme celle que Pierre le grand a sa évanter, en se rachetant!

La fouge et la présomption de la veille firent aussitôt place au désarroi et à la frayeur; la panique devint générale, car des milliers et des milliers de braves étaient fauchées par les bataillons victorieux d'Osman.

Nous parlons ici en témoins oculaires, puisque nous étions, sur ces entrefaites, de passage à Sistow, en route pour le Caucase. La consternation était générales soit à Sistow, soit à Simnitza: ces localités, aussique le pont courraient risque d'être pris et incendiés par l'ennemi. On ne rencontrait que des visages blêmes et éffarés: beaucoup de monde avait

fait ses paquets, prêts à se sauver au premier cris;
„Les Turcs arrivent.“

A en juger de cette panique, la certitude nous
est acquise, que si en ce moment-là quelques escadrons de cavalerie s'étaient abattus sur Sistow, la
sauve qui peut devenait générale; et Sistow aussique
le pont devenaient la proie des flammes. Quelles
auraient été les conséquences d'un pareil raid pour
les Russes qui avaient traversé le Danube, aussique
pour les opérations c'est ce que chacun peut facilement conjecturer, sans qu'il soit nécessaire d'y insister outre mésure. Il suffira de dire qu'une attaque
vigoureuse, ventre à terre, aurait fait changer la
face des événements.

Mais pour cela il aurait fallu mettre en mouvement une division de cavalerie, dont partie se serait
dirigé sur les derrières de l'armée de la Yantra, et le reste
se serait rabattu sur Sistow. Si Osman-Pacha n'a
pu cueillir les avantages de sa victoire, c'est que
sa cavalerie se limitait aux quelques escadrons indis-
pensables au service d'avant-poste et de sûreté.

Ce manque de cavalerie a fait perdre aux Turcs
le moment psychologique, comme on dit. C'est à ce
cas que nous avons fait allusion plus haut, quand
nous soutenions qu'il se presente à la guerre de ces
occasions, où, encore aujourd'hui, en dépit du per-
fectionnement des armes à feu, la cavalerie peut
décider du sort d'une bataille, et par là même, du
sort d'une campagne.

De même que le manque de cavalerie a été fatal à Osman-Pacha; le nombre et la force de leur cavalerie à permis aux Russes de ramasser, de récoudre, pour ainsi dire, les parties battues et disloquèes de leur armée.

Malgré tout, les pertes subies par les Russes, à la suite de leur chute dans la trappe sont énormes.

D'abord leur offensive, avec Népomucinsky, ont sauté les jambes en l'air. Or, l'abandon d'un plan de campagne ne peut se faire qu'en se resignant à des grandes pertes soit de materiel, soit d'argent, soit de temps. Puis ils se sont vus forcés de faire venir des renforts de tout côté, au double de frais que cela se pratique dans des temps normals.

Ajoutons à toutes ces pertes, au comptant, les dommages de l'ordre tant soit moral que politique, subis du chef de ce volte-face que la Russie a dû faire à l'égard des Roumains. Avant le désastre de Plévna, l'armée Roumaine avait été traitée en quantité négligeable. Une fois dans le pétrin, il a fallu faire amende honorable, en donnant une accolade fraternelle aux troupiers roumains et en nommant leur Prince commandant d'un corps d'armée, d'un corps d'armée russe s. v, p.!

Un simple particulier qui se serait vu forcé de subir une pareille humiliation, aurait, au moins, rougi. Heureusement que la diplomatie russe a rayé le verbe rougir de son dictionnaire.

Après la bataille du 19, il y eut une bataille plus sanglante encore le 30—31 juillet, où donnèrent toutes les forces de Krudner, plus les 4me et 11me corps accourus en toute hâte sur le lieu de la lutte. Dès lors l'offensive fut nécessairement abandonnée et l'on dû faire des efforts surhumains afin d'aboutir à l'objectif inéluctable, la prise de Plévna.

Ainsi après s'être engagé dans une lutte gigantesque avec 190,000 hommes, l'état-major russe se voit forcé de faire venir des renforts de tout côté et d'augmenter ses effectifs à 320,000, y compris les 50,000 Roumains, dont la coopération devint indispensable, afin de tirer les Russes du guépier dans lequel ils s'étaient fourrés, les yeux bandés.

Il nous serait difficile de suivre ici les opérations dont Plévna a été le théâtre; d'abord parceque nous n'y avons pas pris part; et ensuite à cause que le sujet a déjà été traité minutieusement par des spécialistes. Nous nous contenterons donc de faire quelques remarques par rapport à l'attaque et à la défense, sans omettre de parler de ceux qui y ont brillé d'une façon ou d'une autre.

REMARQUES.

Il saute aux yeux de tout observateur impartial
que, dans ce siège mémorable l'attaque n'a point
été à la hauteur de la défense: en d'autres mots les
agresseurs, les Alliés, auraient dû faire plus qu'ils
n'ont fait. Leurs forces étaient en effet le quadruple
de celles de l'armée assiégée; leurs moyens étaient
illimités; le Danube et d'autres voies de communication se trouvaient en proximité immédiate; à leur
gré également était le choix des positions, aussi
que des points d'attaque; et pourtant il leur a été
impossible de livrer l'assaut; ils ont dû se contenter
de réduire la place par la famine, après un investissement de quatre mois. Le résultat ne répond,
certes, à l'effort, ni aux sacrifices!

De cela il en découle qu'il n'y a pas assez de
louanges pour honorer la défense, qui a été héroïque.
Le critique pourtant doit signaler les fautes, ou les
oublis qui ont pu échapper aux défenseurs; et cela
avec tout le respect qui leur est dû. Ainsi, par
exemple, nous trouvons à redire sur deux points:

1⁰ Que Osman-Pacha au lieu de se rendre le 10 décembre aurait pu tenir bon jusqu'au 10 février: 2⁰ Que
le commandant turc n'a pas fait à l'assiégeant tout
le mal qu'il aurait pu lui faire.

Les deux points précités, qui reviennent à deux
accusations au premier chef, nécessitent une sorte
de dissertation à laquelle nous nous livrons d'autant plus volontiers, qu'elle doit servir de norme aux
officiers qui à l'avenir auront à jouer un rôle analogue
à celui qu'a rempli avec éclat le défenseur de Plévna.

Que demande l'art de la guerre de l'officier
chargé de la dèfense d'une position fortifiéc? De
prolonger la défense autant que possible par deux
moyens: 1⁰ en soutenant ses propres forces: 2⁰ en affai-
blissant celles de l'assiégeant.

Appliquons à présent ces principes généraux
à ce cas spécial; l'on verra si le commandant de
Plévna est en contrevention ou non.

Osman-Pacha a dû se rendre le 10 Décembre,
faute de vivre: et nous allons prouver qu'il aurait
pu tenir jusqu'au 10 Février, c'est à dire soixante
jours de plus. Or, il résulte des informations et
des données puisées sur les lieux par nous-mêmes,
que durant le siège, Plévna renfermait de 17 à 20
mille âmes; vingt mille bouches, c'est à dire, qui
mangeaient autant de rations par jour. Pendant
les quatre mois qu'a duré le siège, ces bouches non-
combattantes, ont consommé, donc, 2,400,000 rations,
lesquelles réparties sur les 40,000 hommes de la

garnison, leur auraient permis de rester dans Plévna au delà du terme fixé par nous.

Mais pour cela il fallait, dès les premiers jours, faire évacuer la ville, versant la population sur les districts environnants. Cela pouvait se faire sans inconvénients, vu que les habitants de Plévna sont aisés et ont des rélations un peu partout. Au pis aller on leur aurait fait entendre la chanson: „à la guerre comme à la guerre.“

Règle générale: dans des circonstances analogues (qui constituent des moments suprêmes dans l'existence d'une nation) les considérations stratégiques, ou militaires, l'emportent sur toute autre considération, soit philanthopique, soit de droit commun. En ces moments, un chef qui comprend bien sa mission, un chef résolu doit se dire:

„Je dois défendre cette place jusqu'à la dernière extrémité: songeons avant tout à la ration du soldat; que les autres crèvent de faim!“

C'est triste à dire, c'est cruel même, mais c'est la guerre: si on ne tue pas on est tué; si on ne mange par on est mangé! C'est ce qui est arrivé aux défenseurs de Plévna, lorsqu'ils n'eurent plus de quoi mettre sous la dent.

Osman-Pacha a donc manqué, à un des principaux devoirs d'un commandant de place. Si d'un côté il a ponctuellement exécuté les ordres de son chef en occupant et défendant Plévna, d'un autre il a montré qu'il ne possède guère cette initiative cet esprit riche en ressources, qualités qui font le complément du génie de guerre, du grand capitaine. Evidemment son chef immédiat ne pouvait lui prescrire toutes ces choses: c'etait à lui de les trouver, de les créer; et en cela Osman-Pacha a faillit.

Venons à présent aux suites de cette imprévoyance. Si Osman-Pacha avait pu tenir bon dans Plévna jusqu'au 10 février, la campagne était perdue pour les Alliès, jamais les Cosaques n'auraient vu la Propontide. Car, grâce à ce délai, les armées de Suleiman et de Mehemet-Ali auraient reparé leurs forces et combinè leurs mouvements; les fortifications d'Adrianople auraient été achevèes; bref, la diplomatie aussi aurait eu sûrment son mot à dire.

Passons à l'autre point, No. 2, qui établit qu'il faut tâcher d'affaiblir l'assiégeant, en lui faisant tout le mal imaginable.

En visitant les villages situés autour de Plévna, nous les trouvâmes tous dans un état de préservation admirable: on aurait jamais dit que ces lieux ont été les témoins d'une lutte à outrance entre des centaines de mille combattants. Les maisons, les hangars, les granges et les écuries restaient intacts; et leurs solides charpantes faisaient preuve du bien-être des villageois, aussique de la discrétion et de la politesse des belligérants.

Il est facile de concevoir que les Russes et les Roumains, gens civilisés, se soient servis de ces villages et qu'ils en aient fait la consigne à leurs propriétaires, telle quelle. On a de la peine à s'expliquer cependant, comment Osman-Pacha n'ait appliqué à ces villages quelques allumettes arrosées de pétrole.

Peut-être qu'il répugnait à Osman de se transformer en pétroleur: mais il a eu tort, à notre humble avis, puisqu'à la guerre il faut tâcher de préparer pour l'ennemi le lit le plus dur et le plus incommode que possible. Or, il est bon de savoir qu'autour de Plévna, dans un rayon de 15 à 20 kilomètres, il existe pas moins de vingt villages, tels que les deux Netropolje, les deux Dubnjak, etc. Le Russes et les Roumains les ont trouvés à louer et ils y sont installés commodement pour se garantir des intempéries de la saison et pour mieux décrire le fer de cheval autour de Plévna.

Si Osman-Pacha avait eu la bonne idée, comme nous avons dit, de brûler tous ces villages, les alliés auraient passé un mauvais quart d'heure, frilotant sur ces mamelons dégarnis d'arbre, et exposés aux vents glaciaux qui balaient la vallée du Danube. Leurs effectifs s'en seraient vite ressentis; et leur ardeur belliqueuse aurait baissé tant soit peu.

A présent, que l'on considère quels auraient été les résultats d'une pareille compagne d'hiver, si la reddition de Plévna, au lieu d'avoir lieu au commencement de l'hiver, eut été retardée de deux mois. En février, bien peu de régiments se seraient trouvés en état d'entreprendre une offensive vigoureuse. Arrêtons-nous ici, vu que l'horizon des hypothèses, des conjectures nous semble illimité.

Reste à present la critique par rapport aux héros des deux camps. Le sujet est délicat, scabreux même; mais comme il rentre dans le tableau que nous nous sommes tracé, il faut bien que nous l'abordions avec résolution, mais aussi avec cette indépendance d'esprit qui sied à l'écrivain impartial.

Inutile de parler d'Osman-Pacha, duquel nous avons déjà dit tout ce qu'il y avait à dire. Seulement nous ferons observer que l'histoire contemporaine a fait trop de cas d'un homme qui, après tout, ne vient qu'en seconde ligne dans la plaïade des défenseurs de Plévna. Nous croyons trancher le différend, en disant que si Osman est l'héros tactique, Abdul-Kierim est l'héros stratégique, qui, par conséquent, domine tous les autres.

En contestant ainsi la priorité à Osman-Pacha, nous avons nos raisons, et les voici:

Qui a fait le plus de claque et de réclame en faveur d'Osman, si non les Russes, les vainqueurs, c'est à dire? Or, comme les vainqueurs ne pouvaient être mus par aucun autre mobile que celui de réhausser le vaincu, pour s'élever d'autant plus eux-mêmes, il en découle logiquement que les Ottomans ont tort de donner dans le même sens. Osman-Pacha doit donc être respecté et aimé, c'est son dû: mais de là à l'idolâtrer, comme on a fait à une époque, il y a une certaine distance.

Osman Bey.   4

De même que nous nous sommes fait un devoir de rabattre tant soit peu de la gloire d'Osman, il nous incombe à présent de réhausser celui qui est le rival de Todleben. Nous voulons parler ici du commandant du Génie-Ottoman, Tahir-bey, à l'art duquel sont dû ces ouvrages improvisés, qui ont tenu en échec deux-cent-mille hommes et qui ont fait suer le premier ingénieur militaire du siècle.

Tahir-bey, colonel du Génie, possédait la confiance absolue du Commandant en chef, d'Abdi-Pacha, qui le choisit pour l'exécution de son grand plan stratégique. C'est dans ce but qu'il fut attaché au corps d'armée de Viddin, qui devait remplir le rôle de „poutre de barrage" dans la fameuse trappe. On sait de quelle manière Tahir-bey s'est acquitté de cette tâche de Cyclopes. Nécessairement les dévis étaient prêts d'avance, tels qu'ils avaient été projétés à Choumla par Abdi-Pacha lui-même: une fois à Plévna, leur exécution n'était plus qu'une question de pelles et de pioches.

Beaucoup de gens auront, sans doute, de la peine à s'expliquer, comment se fait-il qu'un homme, qui a su improviser, en quelques jours, une forteresse imprenable, soit resté dans l'ombre au point que son nom est encore presque inconnu. Dans cela il n'y a rien de surprénant, vu que la réputation mondaine de Todleben a rejété dans l'arrière plan bien des noms qui autrement auraient été illustres.

En effet, le général Todleben arrivait à Plévna avec une réputation toute faite et en sauveur, qui devait remédier au gâchis produit par les bêtises des autres. C'est en jouant savamment la contre-partie de ce qu'il avait fait à Sévastopol, que le célèbre ingénieur a su venir à bout de sa mission.

Quoique Tahir-bey se soit montré son digne rival, les ailes de la renommée hésitèrent quand même à se mettre à sa disposition: elles étaient déjà retenues pour le compte du grand Todleben.

Skobeleff se force à son tour à notre attention: nous disons se force, puisqu'il s'impose ne fut-ce qu'en raison du tapage qu'on a fait autour du nom Skobeleff. Disons tout de suite que, comme straté-giste, ce général n'a rien ajouté à ce qui était connu jusqu'alors: comme tacticien il aurait pu prendre des leçons de Radetzky et surtout du général Dragomiroff. Reste son courage légendaire avec tout ce qu'on y a ajouté pour la mise en scène.

Arrivés à ce point, le devoir s'impose de faire su-bir à notre héros une sorte d'utopsie, afin de mettre à découvert son être moral aussi que physique. La légende se verra ainsi réduite à sa juste valeur; dénuée, c'est à dire, de tout ce que l'imagination et la spéculation ont cru devoir lui ajouter.

Issu d'une famille ennoblie et riche, Skoboleff n'a été, toute sa vie, qu'un enfant gâté de la part de ses parents aussi que de celle de la haute société.

Quand on est fils d'un général; quand, comme Skoboleff, on a belle mine, et on a un certain chic en se présentant, toutes les portes s'ouvrent à Pétersbourg.

Cette aurore dorée, cette vogue ont été fatales à ce favori de la fortune, et voici comment: tout lui étant facile, tout lui étant accessible, le jeune officier vecut trop et vecut trop tôt: de manière qu'à l'âge, où il est permis à l'homme raisonnable de jouir de la vie, Skoboleff se trouvait être blasé, épuisé et las de l'existence.

Sur ces entrefaites, son état vint de s'aggraver par une union mal assortie, du côté de l'époux bien entendu; puisque Mme. Skoboleff possédait toutes les charmes et les qualités qui peuvent faire aimer une femme. Ayant compris qu'il n'était point homme de ménage, Skoboleff fit de son mieux afin de se consoler. Des émotions de toute sorte, les plus extravagantes, les plus crasses, devinrent, dès lors, une nécessité pour lui. A cette manie vint se joindre un sentiment fort naturel, un degôut pour une existence manquée, plus le mépris de la vie.

Dans cet état morbide, Skoboleff, donc, se trouvait tiraillé entre deux courants, dont l'un l'entraînait à nocer et l'autre le rejetait sur la suprème des jouissances, la mort, soit la délivrance. Ainsi tout ce qui était émotion avait un charme exquis pour lui. De là ses prouesses sur le champ de bataille, où il accourrait pour y rencontrer sa balle mais cette balle semblait le fuir, l'éviter de parti pris.

Si les balles ont évité Skoboleff, Skoboleff n'a pu cependant éviter la mort qu'il méritait; puisque c'est dit: „que l'homme meurt par là, où il pèche.“ Au lieu de mourir sur le champ de l'honneur, le malheureux s'est éteint au milieu de ces excès qui servaient à le soulager de son infortune, de sa déchéance.

Pour ce que concerne sa célébrité, voici ce que en est au juste. En favori de la cour et de la noblesse, son nom fut affiché à l'ordre du jour, au dépens d'autres pauvres diables qui s'étaient battus tout aussi bien que lui, si non mieux.[1]) Le tam-tam entonné par les ordres du jour, trouva un écho dans les bulletins publiés par les journaux: les reporters prirent ensuite leurs trompettes à la bouche et le grand vacarme atteignit ainsi son comble. Dès lors, on n'entendit guère autre chose, si non: Skoboleff par-ci, Skoboleff par-là.

Cela pourtant n'était que le commencement: car bientôt après parurent sur la scène les saltim-banques politiques, ces industriels, c'est à dire, qui eurent l'heureuse idée de se servir de Skoboleff, comme d'une marionette, dont les bras, les jambes et la tête remueraient par des ficelles habillement attachées.

„Les Italiens ont bien leur Garibaldi, à la „mécanique: pourquoi nous aussi n'aurions nous

---

[1]) Chahowskoi fait des prodiges, on le blâme: Sko-boleff fait des niaiseries et il passe à l'ordre du jour!

„pas notre Skoboleff: un héros légendaire qui fera
„tourner toutes les têtes et fera battre tous les coeurs
„Slaves?"

C'est ainsi que se disent entre eux les malins
qui ont inventé cette legende de courte durée, car
elle s'etait presque éteinte avant la mort de Skoboleff
lui-même. C'est vrai qu'à cette occasion, les industriels en question essayèrent de faire surnager
la légende, en dépit de la mort du héros. On in-
sinua adroitement, à cet effet, que Skoboleff avait
eu une mort mysterieuse: voulant par là faire
comprendre que les ennemis des Slaves et de leur
héros l'avaient dépêché à meilleur demeure. Cela
pourtant n'a pas pris: car Skoboleff et sa légende
ont été enterrés dans la même fosse.

COUP D'OEIL GÉNÉRAL.

Avant de nous transférer sur l'autre partie du théâtre de la guerre, en Asie, il convient tracer ici, à grands traits, la situation générale des belligérants: à cela nous ajouterons nos observations par rapport à l'issue de la campagne en Europe.

Arrivés au point où nous sommes, la premiére question, que nous posera le lecteur, est bien la suivante: Que faisait le généralissime Ottoman, qui de son lorgnon devait dans cet entre-temps fixer Plévna et sa célèbre trappe?

Conformément à son plan, Abdul-Kierim attendait que la trappe fasse son effet, afin de se jeter de son côté sur l'ennemi, dont les forces se trouvaient, partie éparpillées le long du Kara-Lom, et partie de l'autre côté des Balkans (pointe du Général Gourko). Ce plan, d'ailleurs, etait en pleine voie d'exécution, vu que Suleiman-Pacha, appelé en toute hâte du Monténégro, battait Gourko le 30. et 31. juillet: Schilder-Schuldner était battu à Plévna le 20 juillet et son chef, Krudener, le 30. Les Russes subissaient ainsi trois défaites, en moins de douze jours.

Le généralissime Ottoman s'apprêtait donc à achever son plan par une attaque combinée sur l'armée russe de l'Est, faisant donner simultanément les 100,000 hommes placés sous son commandement immédiat, plus les 50,000 (armée des Balkans) sous les ordres de Suleiman-Pacha : quand tout fut bouleversé, tout fut compromis par la destitution et l'exil du grand tacticien.

C'est là la plus grande faute (le crime nous pourrons même dire) qu'ait pu commettre le Divan : en remplaçant le commandant en chef dans un moment si critique, quand le pays se trouvait entre la vie et la mort, il n'a fait rien moins que se suicider. Il est évident que le moment psychologique de cueillir la victoire une fois perdu, la défaite de l'armée ottomane devenait inévitable.

Comment expliquer l'inéptie, l'aveuglément, la démence dont fit preuve en ce moment suprême le gouvernement central! Faire disparaître du théâtre de la guerre un soldat éprouvé, le seul qui ait pu tenir tête à l'ennemi ; cela est inconcevable, cela dépasse tout ce qu'on ait jamais vu ou lu dans l'histoire. Voici comment les choses se sont passées.

Les idiots qui siégeaient à cette époque au Divan, ne comprenaient le premier mot des plans de leur généralissime. D'après leur manière de voir, Abdi-Pacha ne connaissait pas son métier puisqu'il avait laissé passer le Danube aux Russes. Il ne fallut après cela que le passage des Balkans par Gourko, pour que la clameur devint générale: l'arrivée de milliers et milliers de refugiés, échappant aux horreurs de la guerre, mit le comble à l'irritation, ainsi qu'à la frayeur qui s'étaient saisies des masses.

En vain le commandant en chef envoie-t-il depêches sur depêches; en vain expédie-t-il ses aides de camp les uns après les autres, recommandant le calme et invoquant la confiance qui lui était due:

„Ne craignez rien! laissez-moi faire! je réponds de tout" écrivait le pauvre Abdi aux ministres, au Sultan, à tous; mais on avait fini par lui fermer les oreilles.

„Comment! s'écriait-on au palais, à la Porte et „même dans les cafés et autres lieux publiques — „comment! les Russes passent le Danube et notre „généralissime nous dit — Laissez-les passer; plus il „en passera et plus il en restera. Puis les Russes „passent les Balkans, arrivent à Kežanlik et Abdi „nous répond — Cela ne fait rien: je les tiens. —

„Est-ce qu'il arrêtera les Russes lorsqu'ils seront „dans Stambol? Ah la grosse bête! ah l'imbécile! „A bas Abdi, à bas, à bas.

A la faveur de cette éffervescence, assez excusable pour la foule ignorante, il se tramait tout un complot en vue de renverser le grand tacticien et s'installer à sa place. Deux individus ont trempé dans cette intrigue, dont les suites ont été si funestes pour la Turquie. Mehemet-Ali était l'un et Réouf l'autre.

Mehemet-Ali Pacha (Detroit de Magdebourg) était un homme ambitieux et sans scrupules, qui était venu en Turquie et s'était fait Musulman pour faire fortune. Cet aventurier avait une idée fixe, qui date du temps où nous étions ensemble à l'école militaire. Mehemet-Ali se croyait prédestiné à devenir généralissime des armées ottomanes: plus que cela; il mettait en avant des droits d'hérédité à ces hautes fonctions, se basant sur le syllogisme que voici.

Omer-Pacha (André Lata) déserteur Autrichien et renégat, est bien devenu généralissime: pourquoi Détroit de Magdebourg, renégat lui aussi, ne deviendrait-il pas commandant en chef?

Mehemet-Ali oubliait que Lata est arrivé en Turquie à une époque où les Turcs ne savaient manier un fusil: tandis que, lui, a dû commencer par cirer les bottes à ses maîtres, qui etaient des officiers turcs.

S'inspirant donc de cette idée, Mehemet-Ali, au cours de sa carrière, n'a fait que briguer les faveurs de l'un et de l'autre en vue de se pousser en avant. C'est ainsi qu'il avait réussi à être deuxième en commandement, sous les ordres d'Abdul-Kierim

Or, quand il eut appris ce qui se passait à Constantinople, et que l'impopularité de son chef hiérarchique lui sembla être une occasion favorable pour le remplacer, aussitôt il se mit à intriguer dans ce but, promettant monts et merveilles à ses amis et aux badauds de Stambol. Comme l'on sait, ces intrigues eurent un plein succès et Monsieur Mehemed-Ali eut enfin la satisfaction de se soussigner, Serdar-Ekrem, Généralissime des armées ottomanes.

L'autre concurrant à la même charge, Réouf-Pacha, était lui aussi un intrigant sournois; mais d'un échantillon différent. Fils d'un Pacha, il avait jugé superflu de fréquenter aucune école: donc il ne connaissait absolument rien; à cela il faut ajouter qu'il n'avait jamais senti l'odeur de la caserne et encore moins celui de la poudre. En revanche, Réouf aimait à fourrer son nez dans les anti-chambres des ministres et des eunuques du palais: aussi, c'est surtout dans ces milieux qu'il était considéré et protégé. De là provient, sans doute, son idée baroque de poser en candidat pour la charge de généralissime: c'était une fantaisie comme une autre.

Voilà les types qui ont osé lever la tête audessus de celle de leur supérieur, de leur chef vénéré, audessus de l'homme qui avait tout préparé, tout prévu, excepté la lâche trahison de ses subordonnés, de ses lèches-pieds. Quelle responsabilité n'a-t-il attirée sur lui, cet indigne Mehemet-Ali par sa conduite au milieu de ces graves circonstances, lorsque le salut de l'armée dépendait de l'union et du dévouement de tous, et sourtout des chefs qui la commandaient!

Aussi, l'histoire flétrira à tout jamais le nom de Mehemet-Ali, cet aventurier qui poussé par l'ambition et la convoitise, compremettait le sort de la nation à laquelle il doit pourtant, renommée, honneurs et richesses. Les Musulmans le maudissent aujourd'hui: les Albanais savaient bien ce qu'ils faisaient lorsqu'ils le mirent en pièces.

Après la prise de posséssion de son nouveau poste, Mehemet-Ali voulut prouver à ses amis et protecteurs ce dont il était capable: aussi attaqua-t-il, sans perte de temps, l'armée du Grand-duc Héritier, sur le Kara-Lom, et avec succès. Mais ces succès mêmes, sont sa propre condamnation: car si Mehemet-Ali a pu battre les Russes en utilisant le plan et les dispositions prises par son prédécesseur, il est certain que celui-ci aurait méné à bonne fin les opérations, dont il était à la fois, l'âme et le soutien.

En effet la destitution d'Abd-ul-Kerim ne tardá pas à porter ses fruits, à couter échéance.

Malgré ses succés éphémères Mehemet-Ali manquaient d'autorité et de prestige; il lui était impossible donc de s'imposer à ses subordonnés immédiats, ses camarades de la veille. Ainsi, Réouf, en évincé qu'il était, se permit de hausser le nez en recevant les ordres de son Altesse l'ex-ghiaour, Mehemet-Ali. Suleiman Pacha, de son côté, en vainqueur des Monténégrins et des Russes, ne pouvait consentir a plier la tête devant un favori et un intrigant. Ma foi, il n'avait pas tout à fait tort, Suleiman!

Comme l'on voit la machine du commandement avait été complètement démontée, à cause de la disparition de son chef, aussi qu'à cause des frottements inévitables entre les chefs de corps. Bref, l'armée turque ne sentait plus le mord: c'est là la chose la plus fâcheuse qui puisse arriver à des troupes qui sont en face de l'ennemi; c'est le prélude de leur défaite.

Mais indépendamment de ces frottements, personnels pour ainsi dire, les états-majors turcs se ressentaient du souffle démoralisateur et désorganisateur qui surgit lors du pronunciamento dont Abdul-Aziz a été victime.

En effet, presque tous les chefs s'étaient compromis en trempant leurs mains dans le régicide; ils avaient tous mérité la corde, ni plus, ni moins. Or, ce ne sont, certes, pas là les gens desquels l'on doit s'attendre pratiquer la subordination et la bonne harmonie. La force de toute armée est basée avant tout sur la fidelité envers le souverain: une fois que la révolution avait ebranlée cette base, l'armée turque n'avait plus de point d'appui, ni de consistance.

Abdul-Kierim, soldat sans tâche, avait, jusqu'à

un certain point, arrêté le mal: lui parti, les mauvaises tendances prirent aussitôt le dessus et tout retomba dans le désarroi et dans l'anarchie.

Ici ressort dans toute sa noirceur et dans toute son étendue, le mal qu'a causé à la Turquie la politique anglaise de révolte et d'atrocités. En poussant l'armée turque dans cette voie fatale, l'Angleterre a supprimé du même coup son chef et paralysé ses forces. A quoi pouvait-elle servir après cela, si non à se faire battre, à la grande gloire et satisfaction de la Reine d'Angleterre; selon l'ancien adage: pour servir le roi de Prusse!

La perte de la campagne une fois expliquée (et comme nous venons justement de parler de M. M. les Anglais), il nous incombe de réduire au néant la version fantaisiste qui attribue la délivrance de Constantinople à l'intervention de la flotte anglaise.

Cette prétention, mise en avant à l'époque par des organes de la presse, ne pouvait avoir d'autre but que celui de relever le prestige de l'Angleterre, tout en glorifiant le premier ministre de la reine, lord Beaconsfield. Nous nous faisons ici un devoir, et un plaisir en même temps, en rétablissant les faits, tels qu'ils se sont passés, sans rien ajouter, sans rien altérer.

Personne n'ignore, et les Russes encore moins, que le cabinet de St. Pétersbourg souhaitait, dès le début des hostilités, de signer la paix à Constantinople même. Ce pieux désir ne fut pourtant que de courte durée, car la culbutte de Plévna eut pour résultat immédiat de lui faire perdre de vue le Bosphore, Constantinople et ses minarets. On avait alors bien d'autres chiens à fouetter: les projets de la veille tombèrent ainsi d'eux-mêmes et on n'en parla plus.

Mais tout cela se passait entre Russes: il ne pouvait donc rassurer ceux qui persistaient à s'émouvoir sur le sort de Constantinople et qui tenaient à la voir mise hors de danger. L'Allemagne et l'Autriche étaient de ce nombre: aussi jugèrent-elles opportun de mettre de suite la capitale de l'empire en sûreté, en exigeant une garantie formelle à cet effet. Des représentants des puissances précitées vinrent, en effet, faire visite au quartier-général, qui se trouvait à Gorni-Studni et formulèrent carrement le but de leur mission au Czar, Alexandre II.

A cette sommation, faite de la part de deux souverains amis et alliés, Alexandre ne put répondre que par la promesse formelle, que d'aucune façon il ne permetterait à ses troupes de violer l'èpouse des Sultans. Cette promesse, qui équivalait à une garantie solide, est tout ce que ces messieurs désiraient. Aussi, s'empressèrent-ils de quitter Gorni-Studeni porteurs de la bonne nouvelle. — „Constantinople est sauvée!"

Les Anglais objecteront, sans doute, que la garantie arrachée alors de la bouche du Czar, n'avait, après tout, qu'une valeur hypothétique, celle qui se rattache ordinairement aux mots, Verba volant: tandisque la garantie en fer et en tôle, la flotte anglaise, c'est à dire, lui était de beaucoup supérieure. C'est à elle donc, disent-ils, que les Russes ont dû obéir et pas à autre chose.

Ceux qui raisonnent ainsi semblent ignorer qu'une violation de la garantie (chose tout à fait inadmissible) aurait provoqué la marche en avant de 500,000 Austro-Allemands. Les Russes se voyant coupés de leur base, n'auraient eu d'autre alternative que de lâcher prise: Constantinople était également sauvée.

Si ce n'était cette crainte, il est certain que jamais Alexandre II. n'aurait lâché la garantie qu'on lui imposait: ni jamais, au grand jamais, les troupes Russes n'auraient reculé devant les boites en fer-blanc de Messieurs Beaconsfield et Cie.

Que les Anglais se le tiennent pour dit une fois pour toutes.

Constantinople est une ville trop grande et trop ouverte pour que les Russes ne puissent y pénétrer d'un côté quelconque: une fois dedans, ils auraient, certes, trouvé le moyens d'improviser des batteries qui auraient obligé les vaisseaux anglais à déguerpir, ainsi qu'il leur arriva du temps du général Sebastiani, sous Abdul-Hamid I. L'histoire est riche en leçons: il suffit seulement de savoir la lire!

Avant de quitter l'Europe, il vaut tout autant que nous anticipions sur les événements par quelques' considérations sur le fameux traité de San Stefano, un avorton qui est mort avant même de voir le jour.

Le traité de San Stefano porte visiblement l'empreinte de l'artiste qui l'a conçu et barbouillé sur le papier. C'est un instrument diplomatique brouillon et déraisonnable comme l'a toujours été le général Ignatief, son auteur. Sans entrer dans les mérites littéraires ou diplomatiques du document en question, nous dirons de suite que le diplomate russe est parti d'un faux point de vue et que par conséquent il a fait fausse route, dès le premier article.

En effet, c'était absurde de mettre des conditions exorbitantes, draconiénnes aux plenipotentiaires ottomans, au moment où vainqueurs et vaincus étaient éreintés et hors d'haleine: agir ainsi c'était faire bénévolement l'affaire des tiers intéressés. Est-ce que le général Ignatief n'a pas compris cela? Mais alors, c'est qu'il ne sait rien, pas même les notions élémentaires de la logique, du bon sens.

Ce qu'Ignatief aurait dû faire, c'est de faire un pont d'or à son ennemi, l'embrassant tout de suite, se gardant bien de lui demander de l'argent; bref, il devait se contenter du strict nécessaire, pourqu'à son retour, les gamins de Moscou ne lui fassent, une ovation aux pommes-pourries. Et c'était là un beau résultat, après une guerre à chances à peu près égales et où la Russie conservait l'honneur des armes.

Osman Bey.

Les plenipotentiaires turcs se sont montrés beaucoup plus habiles: ils ont fait la chatte morte et ont signé tout, mais tout; ils auraient même signé l'entrée des Russes à Constantinople. Et pourquoi cela? C'est qu'ils savaient qu'il n'en serait rien du tout. En effet, le traité de Berlin n'a pas tardé a leur donner raison. Le traité de San Stefano a été mis de côté; un partage à l'amiable s'est effectué, dans lequel l'os le plus mince, le plus sec est assigné au loup russe.

A Berlin le loup a regretté la bêtise qu'il a faite par trop de gourmandise; mais c'était trop tard.

Si le général Ignatief avait eu du tact, il se serait empressé de rabattre de 50% la dose de ses articles. Les Turcs, de leur côte, touchés par tant de générosité et de modération, n'auraient point hésité à donner leur signature et la reconciliation était belle et faite entre les belligérants de la veille. Au lieu de cela, quand les plenipotentiaires turcs s'aperçurent que les Russes étaient rèsolus à les écorcher tout-vifs, ils se dirent:

„Allons devant le tribunal, le congrès; là on nous fera subir l'imputation tant à nous qu'aux Russes: cela vaudra mieux que le traité de San Stefano."

Ce raisonnement n'est pas tout à fait juste pourtant il offre un fiche de consolation quand même.

OPÉRATIONS EN ASIE.

———

Les militaires qui nous ont fait l'honneur de suivre notre récit jusqu'ici, doivent s'attendre à voir se répéter sur le nouvel échiquier les errements et les fautes que l'on a signalées dans les opérations de l'armée russe en Bulgarie. Cette attente est justifiée, d'ailleurs par cet axiome: „les mêmes causes produisent les mêmes effets“: ainsi, la même école produit les mêmes chefs d'oeuvres et les mêmes croûtes.

Cela dit, qu'on ne s'étonne guère de voir bientôt la fouge et la présomption être suivies de près par des surprises et des défaites; les Napriot cedant la place aux Nazat.

Vers la moitié d'avril 1877, quelques mois avant la déclaration de guerre, c'est à dire, le Prince Svietopol-Mirsky, deuxième en commandement après S. A. I. le Grand-duc Michel, lieutenant du Caucase, me fit l'honneur de me consulter au sujet de la campagne qui allait s'ouvrir. Entre autres choses, le Prince me questionna par rapport à l'effectif de l'armée d'opération, chargée d'assiéger Kars et de tenir tête à l'armée turque.

Le chiffre que je fixais était de 130,000 hommes. Mirsky ne fut pas de mon avis et m'informa que, d'après la décision prise par l'état-major général, le chiffre de 80,000 hommes été arrêté et qu'avec cela on allait se mettre en campagne. Malgré cette déclaration catégorique, je crus de mon devoir d'insister sur ce que je venais de dire, démontrant au prince l'impossibilé de mener la campagne à bonne fin avec des forces insuffisantes.

A ces objections, mon interlocuteur repliqua: qu'a l'état-major on était parfaitement renseigné; qu'on savait pertinemment que la mobilisation de l'armée d'Erzéroum ne saurait se faire, faute de transports: d'après les renseignements reçus, l'intendance ne pouvait nulle part se procurer des bêtes de somme.

Quand le prince eut fini, je lui repliquai à mon tour ainsi:

„Pour la défensive, dans une contrée privée de chemins et de routes, trois choses sont nécessaires afin d'arrêter l'ennemi; du courage, des bonnes jambes et des bons fusils: les Turcs ont cela, je vous en avertie."

Nos paroles ne produisirent aucun effet: pourtant elles étaient prophétiques; puisqu'elles résumaient en peu de mots ce qui devait se passer bientôt à Zevine, où les Russes furent battus par les facteurs que nous avions énumérés. Voici les faits, qu'on en juge.

Les Russes ouvrirent leur première campagne, qui devait être décisive, par le siège de Kars. Mouktar-Pacha s'étant mis en marche avec une armée de secours, Loris-Melikof, qui commandait l'armée russe, décida d'aller à sa rencontre et de l'arrêter avant qu'il eût franchi le défilé et la forêt de Soghanli-dagh. Le plan n'était pas mauvais; le seul mauvais côté du plan était, que les effectifs dont disposait le général russe étaient insuffisants pour le but que l'on se proposait d'atteindre. Que s'ensuivit-il?

La rencontre au lieu à Zevine, localité située à deux marches au delà de la chaine de Soghanli-dagh, chaine qui coupe perpendiculairement la ligne d'opération Kars-Erzéroum. Les Turcs reçurent les Russes de pied-ferme; et grâce à leur courage, à leur bonnes jambes et à leurs bonnes armes, les abîmèrent. Loris-Melikof dut battre en retraite; la poursuite fut pourtant si vive, que peu s'en fallut que l'artillerie et le train ne tombassent au pouvoir des Turcs.

Les Russes durent leur salut aux forêts qui couvrent le versant sud de la montagne et aussi à l'insuffisance de la cavalerie de Mouktar-Pacha. Si celui-ci avait pu disposer de cinq ou six bons régiments, plus l'artillerie à cheval, s'en était fait de Loris-Melikof et de toute son armée. D'abord on l'aurait talonné dans le défilé; une fois de l'autre côté, la cavalerie turque avait plus beau jeu encore: puisque là commence le haut plateau de Kars, pays ouvert, qui s'étend jusqu'à Alexandropol, sur une longueur de 90 kilometres.

Sur une table de billard pareille, la cavalerie aurait bousculé l'un sur l'autre tant les bataillons qui battaient en retraite, que ceux qui assiégeaient Kars.

Voilà encore un de ces cas auxquels nous avons fait allusion, comme preuves que la cavalerie peut encore faire pencher là balance et décider du sort d'une campagne. En effet, si la défaite de Loris à Zevine eut tourné en déroute, la campagne 77-78 aurait eu une toute autre issue.

Le général russe fut quand même obligé de lever le siège: il repassa la frontière et mit ses troupes battues sous la protection des canons d'Alexandropol. Les Turcs le suivirent et allèrent se poster, sur le versant nord de l'Aladja-dagh, d'où l'oeil plonge sur la frontière russe, tout en observant les routes qui conduisent à Kars. Les belligérants restèrent ainsi face à face, jusqu'au moment de la reprise des hostilités, qui, comme l'on verra, eut lieu au commencement du mois d'août.

Indépendamment de l'armée principale, qui venait d'être battue, deux corps opéraient séparément sur les théâtres secondaires d'Erivan et du littoral. Le corps d'Erivan, fort d'une vingtaine de mille hommes, se trouvait placé sous les ordres du général Tergoukasof, un Arménien, qui était chargé de tenir tête au corps de Kurde-Ismaïl-Pacha, posté à Beyazid. Ajoutons que le rôle politique de ce chef de corps était de provoquer un soulèvement parmi les Arméniens des districts-frontière.

Rien n'avait été négligé, en effet, en vue d'atteindre ce but; propagande, cajoleries, promesses etc. Mais le plus puissant moyens de séduction était, certes, l'apparition à la tête de l'armée russe de plusieurs généraux que les Arméniens regardaient comme des héros nationaux. Tels étaient Loris-Melikof, Lazaref, Tergoukasof, Comarot et d'autres. Pourtant Tergoukasof n'eut guère à se louer de ses compatriotes; car, chez ceux-ci la crainte du couteau des Bachibozouks, l'emportait sur la confiance que pouvaient leur inspirer les baïonnettes russes. Aussi, se bornèrent-ils à servir la cause comme guides et en fournissant de renseignements, en échange pour de l'argent et des décorations.

Quant aux opérations, le corps d'Erivan se contenta de quelques démonstrations et de plusieurs faits d'armes de peu d'importance livrés près de Beyazid.

Le long du littoral les choses se passèrent autrement: là il y eut offensive hardie et fiasco complet. Le corps chargé d'accomplir ces différents exploits, ne dépassait guère les dix-huit mille hommes et se trouvait sous le commandement du général-major Oglobtché, tout ce qu'il y a de plus Slave, puisque c'était un Monténégrin-russifié. Oglobtché, du reste, est un excellent homme, bon soldat, enthousiaste pour le Napriot.

D'après les préceptes de la stratégie, le rôle qui s'impose à un corps chargé d'agir sur le littoral, se limite à la surveillance du basin inférieur du Rion et des voies de communication qui du littoral se dirigent vers le Rion supérieur, vers Ouzurghiet et Tiflis. Ce rôle défensif n'était pas, comme l'on conçoit, de l'humeur de l'état-major russe. On opta donc pour un plan plus grandieux, plus mousseux; celui, c'est à dire, de défendre Tiflis et la Géorgie, en allant prendre Batoum!

En présence de ce plan de campagne vraiment excentrique, nous sommes forcé de nous arrêter afin de rechercher la source, l'origine de cette expédition.

En 1876, un an seulement avant la guerre, l'état-major du Caucase me chargea d'une étude par rapport au littoral de la Mer-noire, sur la zone comprise entre les bouches du Rion et celles du Tchorok, rivière qui coule dans la mer à peu de distance de Batoum. Ce travail me valut les remerciments et même les faveurs de S. A. I. le Lieutenant du Caucase.

C'est un fait notoire que dans les chancelleries, aussi bien que dans les bureaux d'état-major, le panier joue un rôle tout aussi considérable que celui reservé aux archives. Un cahier venant d'un intrus (et tel j'etais moi en Russie) court donc un grand risque d'être jetté au fond d'un de ces paniers placés audessous du bureau. De peur qu'une pareille mésaventure n'arrivât au cahier en question, et voulant aussi qu'à la fin des comptes, mon travail profitte à l'armée et à la Russie, je pris le parti de le faire publier dans le „Kavkasky-Sbornik“, une revue militaire qui parait à Tiflis.

Or, dans ce travail j'eus soin de donner tous les renseignements voulus, les plus précis, au sujet du défilé de Tziké - Dziré, le boulevart de Batoum et l'objectif inévitable, dans l'hypothèse d'une attaque. Résumons ici le contenu du travail en question, afin que les hommes de guerre sachent à quoi s'en tenir là-dessus.

Le massif de montagnes qui sépare la vallée du Rion, du haut plateau de l'Arménie, se prolonge vers la mer par une série de contreforts, dont le dernier plonge verticalement sur la mer à un endroit appelé Tziké-Dziré (le Petra des Bysantins). Cette sorte de promontoire barre complètement le passage à celui qui de Poti voudrait se rendre à Batoum, longeant la plage. Le fort couronne le promontoire, dont le talus à pic a une élévation de 350 pieds: du côté nord des batteries, à demie-côte, balaient le défilé formé par la plage et les collines adjacentes.

Reste à dire que ce défilé de trois kilomètres

en longueur et d'une largeur moyenne de deux-cents mètres ne peut d'aucune façon être évité. Car, pour l'éviter il faudrait faire à gauche et s'engager dans la vallée latérale d'Armoudlu; mais alors on a à franchir toute une série de ravins et de mamelons, d'un accès tout aussi difficile que celui que présente le terrible promontoire. C'est là donc la seule route qui donne accès à la region du bas-Tchorok et à la côte du Lazistan.

Ajoutons que notre étude contenait tout l'historique du fameux défilé. Nous supposions que ces leçons devraient suffire pour ouvrir les yeux de l'état-major russe. Voici donc ce que l'on trouve dans l'histoire.

Le célèbre Khosroes, roi des Perses, jouait la même partie que jouent les Russes de nos jours: maître de la Géorgie, il tenait à tourner les armées bysantines par une marche sur Batoum et le littoral. Il s'engagea donc avec toute son armée dans le défilé et essaya de se rendre maître de Tziké-Ziré de vive force. Voyant la clef du littoral en danger, Justinien, alors empereur, se hâta d'expédier à son secours toute une armée, plus la flotte. Un siège en règle s'ensuivit, pendant lequel Perses et Grecs se disputèrent la victoire avec acharnement, répétant maintes fois les assauts et les sorties. Khosroes, las de combat, dut enfin lever le siège et rebroussa chemin, après avoir subi des pertes énormes.

Il n'est que juste de faire ici remarquer que

les troupes du roi des Perses avaient un grand avantage sur la tactique moderne. Les canons n'existant pas alors, l'agresseur pouvait impunément avancer dans le défilé, à quelques centaines de pas près du fort: après cela ce n'était plus qu'un combat à l'arme blanche, corps à corps. Et pourtant Petra ne put être pris, à la grande joie de Bysance.

Cet exemple aurait dû suffir afin de mettre sur leur garde les têtes les plus dures; Par un surcroit de zèle, nous crûmes nécessaire néanmoins de donner plus de force à notre argument, en citant un autre exemple, tout recent, tout frais, tiré des annales militaires de l'armée de Caucase.

En 1829, lorsque Paskievitch faisait son entrée à Kars, une colonne, sous les ordres du général Grabbe, se présenta devant le fort de Tziké-Dziré, pour l'enlever, bien entendu. La défense ne comptait que sur la levée en masse des Géorgiens musulmans et sur les quelques renforts expédiés en toute hâte de Trébisonde. Après plusieurs attaques inutiles, le général Grabbe dut renoncer à l'entreprise et battit en retraite, laissant sur le terrain 2000 cadavres.

Notre étude avait donc une certaine valeur et ne méritait, certes, qu'on la flanquât au panier. Par malheur, il arriva sur ces entrefaites quelque chose qui mit au défi toute prévoyance et tout calcul stratégique: les femmes, rien moins qu'elles, se mirent de la partie et décidèrent que l'expédition contre Batoum fusse essayée. Voici comment le conseil des dames s'y prit en cette occasion.

Mme la Princesse Svietopol Mirsky avait une soeur, toute aussi noble qu'elle, comme de raison; mais qui pleurnichait sous le regret d'avoir fait une sorte de mésalliance, vu que le mari qu'elle avait tiré au sort, n'était que simple général. C'est du général Oglobtché, bien entendu, qu'il est question. Afin de consoler Mme la général Oglobtche, la Princesse Mirsky fit tout son possible pour qu'un commandement à part fût accordé à son beau-frère, qui aurait ainsi l'occasion de gagner des lauriers et de devenir quelqu'un. Ce que femme veut, Dieu veut et l'expédition fut décidée.

Ainsi donc le corps d'observation du littoral passa de la défensive à l'offensive, attaqua et enleva le petit fort Saint-Nicolas placé à l'embouchure du Tcholok et entreprit une série d'attaques, toutes plus hardies et plus savantes que les autres, mais au bout des quelles le général Oglobtche se vit en perte de trois mille hommes, ce qui fait le sixième de l'effectif avec lequel il s'était mis en marche. Batoum, il ne l'a jamais vu, pas même de loin; puisque le vieux Derviche-Pacha ne lui a pas permis de lever la tête pour voir ce qui se passait de l'autre côté du terrible promontoire. Les lauriers qu'Oglobtche n'a pas pu cueillir, c'est Derviche qui

les a ramassés en se faisant decérner le titre de Gazi,
le Victorieux !

Si on nous avait écouté, ni Derviche ne serait,
victorieux, ni Oglobtché ne serait, battu ; et ce
qui vaudrait infiniment mieux, 3000 hommes auraient
encore leur peau sur le dos.

Tout ceci se passait pendant la première période
de la campagne, où les Russes se sont vus refouler
sur toute la ligne. Ils cueillaient ainsi les fruits de
leur audace, en voulant entreprendre la conquête
de l'Arménie avec des forces insuffisantes et un plan
de campagne impossible.

Avant de nous engager dans la deuxième période,
il vaut tout autant que dès à présent nous rendions
le lecteur familier avec les types qui vont jouer un
rôle marquant dans ce drame émouvant. Les ésquisses
que nous allons ici donner sont prises au vif.
Quoique nous-mêmes nous soyons du nombre, partie
et cause, nous ferons de notre mieux, a fin de
rester dans les limites de la stricte impartialité.

Cedons le pas à Loris - Melikof, puisqu'il a
réussi á faire parler assez de soi. C'est par le titre
de corps-commandier que nous l'appelions, titre assez
singulier pour qu'il nécessite quelques explications.
Le commandant en chef était le Grand-duc, lieutenant
de l'Empereur ; mais Loris était le fac-totum général.
Pour en venir donc à une sorte de compromis entre
le commandant en chef et ce fac-totum, on choisit
le titre susmentionné qui au fond était un contre-

sens. Assez de cette question d'étiquette et toute conventionelle.

Loris-Melikof est, comm'on sait, un Arménien : il est donc de race semi-sémitique, selon les érudits. Ce que peu de personnes savent pourtant, c'est que Loris descend des anciens rois d'Arménie. Nous sommes très peu versé dans l'histoire de cette petite mais intéressante nation : il nous serait difficile donc de contester l'exactitude du fait. Néanmoins, ce qui est certain c'est, qu'avant la prise de Kars, les visions de royauté n'ont jamais troublé le sommeil de ce bon Loris. Avec la prise de Kars, les nuages se sont entre-ouverts, parait-il, et Loris a pu s'apercevoir que la couronne du grand Vartan restait suspendu sur sa tête!

Tous les grands hommes se fabriquent une legende ; et Loris-Melikof a tenu à avoir la sienne.

Loris est tout bonnement le fils d'un honnête négociant (qui ne s'est jamais appelé Melikof) ce négociant liquida ses affaires à Constantinople et en 1829 se transfera à Tiflis avec toute sa famille. Quoiqu'il se soit engraissé sous la tyrannie des Turcs, le père de Loris comprit, que pour l'avenir de ses enfants, il valait mieux se placer sous la protection de l'aigle russe. Aussi, s'empressa-t-il, une fois à Tiflis, de placer son Loris à l'école des cadets, avec l'espoir de lui assurer par là une brillante carrière.

Loris-Melikof a fait son apprentissage dans les

interminables guerres du Caucase: et il s'y est distingué. Pourtant, de bonne heure il se fit remarquer par son penchant pour le travail d'etat-major, pour l'administration, etc.: pour ces choses, c'est à dire, qui exigent de la souplesse, de la finesse, plus l'agitation fébrile de l'homme d'affaire, du courtier. La première fois qu'on ait entendu parler de Loris, ce fut en 1855, quand on le vit à Kars commandant de place.

Après la guerre il eut de l'avancement et occupa différentes charges que nous jugeons superflu d'énumérer ici: Nous dirons seulement que Loris est redevable avant tout de sa carrière et de sa fortune à la protection toute spéciale du général Milutine, ministre de la guerre. Pour Milutine Loris était un prodige: aussi l'a-t-il toujours soutenu en dépit de tout et contre tous; même au risque de froisser le Lieutenant du Caucase, frère d'Alexandre II.

Le général Lazaref (le vrai corps - commandier, puisque c'est bien lui qui commandait au feu), était Arménien lui aussi; mais un type à part, comm'on en trouve rarement, aux allures herculéennes, unissant à un courage aveugle le tact et la ruse asiatique. Sa carrière, d'ailleurs, montre bien ce qu'il était. Lazaref était natif de Schusha, petite ville du district frontière de Kara-bagh: à l'âge de dix-sept ans il s'évada de la boutique du maître-tailleur, où il était apprenti, et alla s'engager comme volontaire. Le régiment a été ainsi sa seule école, théorique et pratique, d'òu Lazaref s'est élevé aux plus hauts grades et à la renommée.

Lazaref a passé à travers toutes les guerres du Caucase, y compris la chasse contre Schamyl, la guerre turque, etc.: il les commença le havresac au dos et les finit en lieutenant-général, décoré et chamarré.

C'etait là un type original fort intéressant à étudier, attrayant même; car sous la même peau on pouvait discerner l'homme simple et rusé, aimable ou féroce suivant les circonstances. Lazaref a toujours conservé ses moeurs primitives; en vrai oriental, il aimait les Musulmans, dont il reconnaissait volontiers les qualités et dont il parlait courramment les différents dialectes. Loris, qui en était jaloux et qui ne l'aimait point, l'appelait — Le Pacha turc. Pourtant sans ce Pacha, qu'aurait-il fait, soit à la bataille d'Aladjà-dagh, soit à Kars !

Le prince Svietepol-Mirsky a aussi joué un rôle important pendant la campagne; et cela en qualité de conseiller intime du commandant en chef. Mirsky est lui aussi un vieux Caucasien qui a servi sous Mouravief, Baryatinsky, etc. Depuis son entrée aux états-majors, Mirsky a mis de côté l'épée, pour s'occuper plus particulièrement de l'administration et de la politique; des branches pour lesquelles cet officier général possède des aptitudes remarquables. C'est dans ces sphères-là que Mirsky a dû se prendre à coups de béc avec l'ambitieux et remuant Loris;

qui, soutenu par le ministre de la guerre, tenait à faire la pluie et le beau temps.

Cette rivalité entre les chefs, avec toute sa suite de menées, d'intrigues et de haines, se trouve au fond de l'insuccès de la première campagne. Elle aurait, certes, compromis aussi la deuxième, si on n'y avait remédié à temps.

Quant au Grand-duc Michel, nous n'hésiterons pas de dire qu'on a été très injuste à son égard. D'un si haut personnage on ne peut guère s'attendre à des connaissances spéciales, ni la pratique dans les affaires. Pourtant le commandant en chef s'est montré à la hauteur de sa tâche, en reprimant et en contenant les appetits et les ambitions qui ménaçaient de déborder. Dans quel état l'on se serait trouvé, si Loris qui ne pouvait souffrir, ni Mirsky, ni Lazareff, et si ceux-ci qui le détestaient cordialement à leur tour, si tous, dis-je, s'étaient attrapés, par la gorge l'un l'autre? C'est le Grand-duc Michel qui, par sa seule présence a empêché un pareil dénoûment. Aussi l'histoire doit-elle le reconnaître comme un des principaux facteurs auxquels est dû la réussite de la campagne, c'est à dire, la victoire.

D'autant plus que le rôle qui lui échoua est des plus ingrats: vu qu'il avait tout à perdre et rien à gagner. En effet, dans le cas d'une défaite, tout le monde aurait dit, que le Grand-duc Michel en est la cause. Si par contre l'on gagnait, à chacun de s'écrier — „C'est nous qui avons

pris Kars . . . non, c'est moi . . non, ce n'est
pas toi . .!"

Et c'est ainsi qu'il est arrivé. Le Grand-duc
s'est vu noyé, étouffé au milieu de ce vacarme,
auquel Loris-Melikoff a donné le signal.

A côté des figures principales, qui forment le
groupe des vainqueurs, paraît aussi notre silhouette,
qui ne se résigne point à être mise entièrement de côté.
Ceux qui seraient curieux de nous connaître plus à
fond, qu'ils s'adressent à l'ouvrage récemment publié à
Berlin sous le titre — Mère et Patrie vengées (1889).

Du groupe des vainqueurs passons à présent à
celui des vaincus.

Gazi-Ahmet-Muktar Pacha occupe le centre
dans ce groupe. Muktar est un éléve de l'école
militaire de Constantinople, d'où il sortit en 1861,
si je ne me trompe. Comme tous ses collégues,
Muktar a vite, même trop vite, enjambé les grades:
et cela grâce à son intimité avec Memet-Ali (Detroit),
qui lui fit obtenir le commandement du corps
d'armée de l'Hidjaz. Cette attache ne fait point l'éloge
de Muktar; vu le proverbe qui dit: „Qui se ressemble,
s'assemble". Si à cela on ajoute, que cet homme
est aujourd'hui le plus riche de tous les pachas
de l'empire, son dossier peut être fermé là dessus.
Un chef, qui s'enrichit au milieu de la ruine de son
pays, ne saurait être regardé comme un bon citoyen
et encore moins comme un vaillant soldat. L'officier
avide est le pire de tout.

D'ailleurs, nous verrons bientôt tomber de la tête de Muktar les lauriers qu'il avait cueillis à Zevine. La perte de la bataille d'Aladjà-dagh et la chute de Kars retombent exclusivement sur lui; excepté le cas, où il serait disposé d'en partager la responsabilité avec les Anglais, ses alliés et ses conseillers.

Du commandant de Kars, Hussein-Hamy Pacha, et du commandant en second, il est inutile d'en parler ici, vu que pendant le siège nous devrons parler d'eux à tout moment.

Reste les Anglais qui se trouvaient en mission auprès du commandant en chef turc. Le chef de cette mission était le général Kembel qui avait sous ses ordres trois autres officiers de l'armée anglaise. En plus, le gouvernement anglais avait voulu donner une preuve de sa sollicitude à l'égard du soldat turc, par l'envoi d'une commission, dite, du Croissant-rouge, composée du Dr. J. Casson, chef-chirurgien, et de quelques sous-aides, tous des Anglais.

Le but de cette mission est facile à deviner. Elle devait soutenir et encourager les pauvres Turcs, dans une lutte, où ils se faisaient casser la tête pour le compte de la Reine d'Angleterre. Mais, comment se fait-il, nous dira-t-on, qu'on n'a jamais entendu parler de cette mission, ni de son général? Que faisaient-ils là bas ces Messieurs?

Si on n'a pas entendu parler de ce général Kembel et de sa mission, la raison est toute simple; c'est qu'ils ont été battus. Si au lieu d'être battus et

6*

d'avoir pris la fuite, ces Messieurs avaient gagné, alors, oui, que le monde aurait connu leurs noms, voir même leurs biographies, accompagnées des photographies. Un vacarme à n'en plus finir s'en serait suivi et Kembel et ses compagnons devenaient des héros. Comme les choses ont tourné mal, les officiers en question s'en sont lavés les mains, laissant Muktar-Pacha et ses soldats se débarbouiller le mieux qu'ils pourraient.

L'exemple de 1855 est là pour faire ressortir toute l'habileté de ce jeu éminemment machiavelique et égoïste. La garnison de Kars se défend avec vaillance; les vrais héros de la défense sont: Hussein-Daïm, qui a fait des prodigues à Tahmass, Kmeti, l'Hongrois et enfin Mehemet-Vassif, commandant de la forteresse. La victoire, une fois assurée, voilà qu'on voit sortir de derrière les coulisses. Williams-Pacha Churchill-bey, Thompson-tchelebi, qui tous ont voulu conférer leurs noms sur les forts, et sur les quartiers de Kars. Bref, ce sont eux qui ont tout fait: les autres n'ont rien fait. De même, si cette fois Kars l'avait échappé, un fort aurait reçu le nom de Kembel-tabià, un autre serait devenu Tipsy-tabià et un troisième Snobsy-tabià. Si cela n'est pas arrivé, c'est que Kembel, Tipsy, Snobsy ont pris la clef des champs et on n'en a plus entendu parler.

Avions-nous raison, oui ou non, de crier à nos compatriotes „pour l'amour de Dieu, n'écoutez pas les Anglais!"

OPÉRATIONS DE LA 2ᵐᵉ PÉRIODE

(15 Juillet — 15 Octobre).

———

Faisons précéder cet exposé d'une description de la contrée qui a été la scène de ces événements et qui est connue des géographes sous le nom de „haut plateau de l'Arménie“. Cette région inhospitalière se trouve à une hauteur de 6000 pieds, au-dessus du niveau de la mer, et est, par conséquent, extrêmement froide. Le meilleur thermomètre qu'emploient les gens du pays, est la petite rivière, le Kars-tchai, qui ne permet guère qu'on s'y baigne que pendant un mois, sur les douze mois de l'année. Le Kars-tchai et l'Arpa-tchai, sont les deux cours d'eau qui arrosent ce plateau.

Le premier traverse la ville de Kars, se frayant un passage à travers des rochers à pic; puis il va rejoindre l'Arpa-tchai suivant une direction N. E. L'Arpa-tchai coule sous les murs d'Alexandropol et sur une grande partie de son parcours il sert de limites entre les deux empires.

Le haut plateau de l'Arménie a pour limites,

au nord les montagnes de la Géorgie, dont les pentes aboutissent à la plaine d'Alexandropol: du côté sud c'est la chaîne boisée du Soghanli-dagh qui resserre le plateau et le sépare du bassin de l'Araxe. Sa longeur totale est de 95 verstes; soit 69 d'Alexandropol à Kars et 26 de là au pied du Soghanli: sa largeur peut être évaluée à la moitié à peu près. L'aspect général de la contrée est bien loin d'être uniforme: partout l'on rencontre des vallons, des ravins et des collines abruptes et dénuées de végétations: les parties plates sont, par contre, très fertiles; elles produisent des recoltes superbes de céréales. Aussi, ce plateau est-il considéré comme étant le grenier de la Géorgie et de l'Arménie: après les blés vient le bétail, qui y est également d'excellente qualité.

A cela près se limitent les moyens de subsistance et la source de richesses, dont jouissent ses habitants.

Comme centres de population, Kars et Alexandropol sont les seuls que l'on rencontre dans toute l'étendue de cette région; le premier est de 20,000 âmes et le second de 14,000. Partout ailleurs on ne voit que des villages, ou hameaux, dont les habitations à moitié ensevelies et couvertes de terre-battue, sont à peine visibles à une certaine distance. Ainsi l'aspect de cette contrée n'est nullement riant: le voyageur est constamment sous l'impression de se trouver dans une solitude.

Quant aux voies de communication, ou lignes stratégiques, comme on les appele, elles n'existent que sur les cartes et dans l'imagination des cartographes. Dans le pays rien de pareil n'existe: partout où l'on peu passer sans s'embourber ou sans se casser le cou, on possède une magnifique ligne stratégique. Telle était, par exemple, la route suivie par l'armée russe en faisant un circuit du nord au sud de Kars le 5/17 octobre.

Le théâtre de la lutte une fois connu, suivons les opérations au fur et à mésure qu'elles vont se dérouler.

Dans la période précédente nous avions vu qu'après s'être fait battre à Zevine (27 juin), les Russes avaient levé le siège de Kars et s'étaient retirés sous le canon d'Alexandropol. A leur suite les Turcs sont entrés dans Kars et puis ils sont venus prendre position non loin de la frontière, à un endroit appelé, Aladjà-dagh. Les deux adversaires étaient ainsi face à face, se quettant réciproquement.

Du 15 juillet, date où les deux armées se trouvèrent face à face, commence la longue série de fautes, qui nous permet de dire, que Muktar-Pacha avait à cœur de ne pas en laisser échapper une, sans la commettre. Disons, tout d'abord, que le général ottoman s'est trompé du tout au tout par rapport au rôle stratégique qui lui incombait par la force des circonstances. C'est vrai, qu'en observant, ains qu'il le faisait, les approches de Kars et l'ennemi, il reconnaissait lui-même que son armée n'était qu'une armée d'observation chargée de la défense accessoire d'une forteresse. Mais alors pourquoi s'est-il fixé, collé, sur une position, lorsque la stratégie nous dit, que le seul moyen de bien observer une place menacée, est celui de manœuvrer dans la zone de défense, de façon à contrarier et à retarder les mouvements de l'ennemi?

Quand une armée d'observation déroge à cette maxime, et qu'elle va se coller dans une position, sait-on ce qu'elle fait? Elle ne fait rien moins que cela: „Elle présente à l'agresseur, à l'offensive, deux objectifs, au lieu d'un: le premier (l'armée) un objectif en chair et en os; le second (la forteresse) objectif en pierre et en remblai. Or, comme le premier de ces objectifs offre moins de résistance et de risques, l'offensive s'y jettera dessus d'abord, pour se rabattre ensuite sur le deuxième, avec tout l'élan de la victoire.

C'est là justement ce qui est arrivé à l'armée de Muktar, objectif en chair et en os; et à Kars, forteresse qu'il était censé devoir observer.

Envisageons maintenant le problème sous un autre aspect qui nous conduit à des déductions tout aussi concluantes.

En prenant le compas à la main l'on s'apercevra que les deux armées se trouvaient à une distance à peu près égale de leurs bases respectives: vu qu'Erzroum et Tiflis sont à une égale distance, environ, du théâtre des opérations. Mais cette équation géometrique cesse, dès que les distances précitées doivent être mesurées au pas et non plus avec le compas. En effet, Alexandropol se trouve relié par une excellente route à Tiflis et cette dernière ville est la tête de ligne d'un chemin de fer et, par conséquent, de toutes les lignes de navigation de la Mer-noire. En outre, une magnifique route relie cette capitale avec Vladikavkas, autre tête de ligne également importante.

Tous ces moyens de communication permettaient à l'armée russe de se ravitailler, de puiser des renforts de ses dépôts dans des conditions le plus favorables et avec moins de perte de temps.

L'armée de Muktar qu'avait-elle afin de compenser pour les avantages, dont disposait son adversaire? Rien, si non les mauvais sentiers qui le reliaient à Erzroum: une base purement platonique, d'ailleurs; vu qu'elle était elle-même vide, dépourvue de tout et ne pouvait, par conséquent, rien fournir à l'armée active.

De cette situation que devait-il en résulter? Chaque jour qui se passait devait voir les forces des Russes qui montaient, s'augmentaient; tandis que celles des Turcs diminuaient et baissaient. Il est évident, qu'à un moment donné, l'échelle ascendante ayant atteint son maximum, l'agression, le choc, devenait inévitable. C'est ce qu'est arrivé au brave Muktar. Pendant soixante-dix jours le général turc se cramponna à ses retranchements, perdant chair et vigueur: son vis à vis, par contre, s'engraissait et augmentait ses forces de jour en jour d'avantage. Quand le thermomètre se fut élevé au maximum, l'orage éclata avec fracas sur la tête de Muktar et de son armée.

Si des considérations stratégiques nous nous rabattons sur celles de la tactique, là aussi nous trouvons la conduite du général ottoman tout à fait inexplicable. En effet, la position de flanc qu'occupait son armée, en vue d'arrêter l'offensive des Russes, avait un développement de rien moins que de 30 kilomètres. Avec un effectif reduit à 35000 hommes, comment s'est-il pris pour garnir sa première et sa deuxième ligne? d'où pensait-il tirer ses réserves?

Non, pendant cette deuxième période, Muktar-Pacha a fait preuve d'une incapacité complète: dans la suivante on le verra perdre tout à fait la tête.

Comme conclusion à notre thèse, il nous incombe, en quelque sorte, de faire savoir à Muktar ce qu'il aurait dû faire en vue d'arrêter le retour offensif des Russes. Le général ottoman n'avait que deux partis à prendre: ou il devait observer Kars en prenant position, au pied de la chaîne du Soghanli-dagh; ou bien il devait s'enfermer tout bonnement dans Kars même. Dans la première hypothèse, il mettait l'ennemi entre deux feux, entre la forteresse et son armée, tout en se ménageant une retraite sûre sur Erzroum. L'autre hypothèse n'était qu'une répétition de la campagne de 1854—55; avec cette différence pourtant, que cette fois - ci les assièges ne courraient aucun danger d'être reduits par la famine.

En tout cas, les deux hypothèses précitées valent mieux que le parti auquel s'est tenu Muktar-Pacha, parti qui, comme l'on va voir bientôt, à fini d'une manière pitoyable.

Jetons maintenant nos regards du côté opposé et rendons nous compte de la situation générale de l'armée russe, telle qu'elle était au moment de la reprise des hostilités. Instruits par l'expérience de la campagne precédente, les Russes n'avaient rien negligé afin de faire face à toute éventualité. Les dispositions qu'on prit à cet effet ne laissaient rien à désirer: aussi furent-elles couronnées par le succès le plus prompt et le plus complet. Ces dispositions doivent être ainsi énumérées.

1er. L'effectif de l'armée fut presque doublé: de 80,000 il fut porté à 150,000. C'est là, à peu près, le chiffre que nous avions fixé avant la déclaration de guerre, ainsi que nos lecteurs se souviendront sans doute.

2me. Le Grand-duc Michel dut prendre le commendement effectif. Par cette mesure les opérations reçurent une solidité et une impulsion qui leur avaient manquées jusqu'alors. Les tiraillements et les rivalités entre généraux, cessèrent dès ce moment, comme de raison.

3me. Deux officiers éprouvés, les généraux Tchernaïeff et Obroutcheff, furent expédiés sur le théâtre de la guerre, afin de contribuer à l'élaboration d'un plan rationnel et bien combiné. Pour Obroutcheff tout ce que nous pouvons dire, c'est qu'on n'aurait, certes, pas pu faire un meilleur choix. Cet officier est un spécialiste dans tout l'acception du mot: c'est la tête la mieux équilibrée que nous ayons rencontrée en Russie. L'expérience, d'ailleurs, l'a prouvé amplement, vu que la bataille d'Aladjà-dagh est exclusivement son œuvre. Le coup de grâce une fois donné, la campagne une fois lancée, Obroutcheff s'en retourna à Pétersbourg, où il est devenu à la suite Chef de l'État-major-général.

Quant à son compagnon, Tchernaïef, ce que nous avons à constater c'est que sa mission échoua complètement et cela à cause d'un parti-pris de tous contre lui. La renommée du général était une forte mauvaise recommandation, dans les circon-stances actuelles; vu que chaque Caucasien s'ap-prêtait à jouer le rôle de coq qui devait chanter tout seul et pour son propre compte. Tous ces gens, déjà jaloux les uns des autres, pouvaient-ils voir de bon œil un intru qui tenait à s'imposer par sa réputation et par ses antécédents. Aussi, le vide se fit-il, dès les premiers jours, autour de Tchernaïeff: il en fut même de ceux qui, sans trop de cérémonies, l'apostrophèrent ainsi:

„Qu'es-tu venu faire au Caucase? As-tu
„oublié qu'on t'as déjà chassé une fois d'ici?
„Mais nous nous souvenons très bien lorsque
„tu es venu à Vladikavkas avec un projet à
„toi, pour attraper Chamyl, comme s'il s'agis-
„sait d'une bécasse, dans vingt-quatre heures.
„Le Prince Melikoff, gouverneur général du
„Daghistan, reçut ce projet: mais aussitôt
„donna-t-il l'ordre: 'Chassez cet idiot: qu'il se
„garde bien ne plus remettre le pied au Caucase'
„As-tu oublié cela, Tchernaïeff!"

La jalousie (ce fléau des armées russes) était
évidemment au fond de la malveillance que l'état-
major du Caucase témoigna en cette occasion à
l'égard de Tchernaïeff, car cet officier possède des
mérites, qu'on aurait mauvaise grâce à ne pas
vouloir reconnaître: Tchernaïef est assez instruit,
très actif et énergique. Sa guerre de Serbie ne
prouve rien, vu qu'avec les éléments qu'il avait sous
la main, il ne pouvait guère faire grande chose.

Des préliminaires, passons maintenant à l'action
décisive, laquelle commença le 12 Août, par le
mouvement tournant, exécuté par une partie des
troupes du général Lazareff, qui commandait l'attaque
de gauche sur Kizil-tepé, la droite ottomane. Le
corps chargé de cette hardie entreprise exécuta une
marche de 70 kilomètres, ayant soin d'entretenir
ses communications avec le gros de l'armée au
moyens d'un fil télégraphique, et réussit à atteindre

les derrières des positions turques dans la journée du 15.

Dans cet entre-temps, le 14, à 8 heures du matin, le front des positions de Muktar fut attaqué sur toute la linge par un feu d'artillerie bien nourri et sans interruption. Le 15 le centre de Muktar céda devant les attaques simultanées exécutées sur son front et sur ses derrières. Vers deux heures de l'après-midi, Muktar avec le centre et la gauche de son armée, plus les Anglais, ne faisaient qu'une masse de fuyards, qui se dirigeaient sur Kars.

La droite, sous le commandement d'Omer-Pacha, tint bon jusqu'à quatre heures: à cinq heures elle dut pourtant capituler et mettre bas les armes. Au moment même, où l'on s'apprêtait à signer la capitulation, je fis mon apparition sur le champ de bataille, à la grande surprise de tous et surtout des Pachas prisonniers, dont plusieurs étaient de mes anciens camarades*). La localité, où nous nous trouvions, se nomme Vizin-keui: c'est là que je trouvai le Grand-duc, et tout son état-major.

Pendant la soirée et le jour suivant (le 16) on poussa activement l'expédition des convois des blessés, ainsi que l'internement des prisonniers. En même temps, le général Heimann recevait l'ordre de poursuivre Muktar dans la direction d'Erzroum et d'empêcher sa jonction avec le corps

---

*) Du Danube, je m'étais rendu à Pétersbourg, où j'attendais la reprise des hostilités pour rejoindre l'état-major du Caucase.

d'Ismail - Pacha, qui battait en retraite de Beyazid. Cette jonction pourtant s'effectua, vu qu'il fut impossible d'activer le départ du corps de Heimann.

Le 17 juillet le quartier-général quitta Vizin-keui et, suivi de l'artillerie de siège, prit le chemin de Kars. La route que nous suivîmes n'était autre chose qu'un sentier à travers monts et vaux, qui décrit un semi-cercle à l'est de la forteresse et aboutit au village de Buïuk-Tikmà, situé sur le Kars-tchai, au sud de la ville. La communication directe entre Kars et Erzroum était ainsi interceptée, vu que la grande route traverse la rivière justement à cet endroit.

Chemin faisant, on pouvait apercevoir, de temps à autre, à travers les collines, la ville et ses formidables forts, qui avaient l'air morne et silencieux, en dépit des rayons d'un soleil égayant. Le spectacle le plus triste pourtant c'était celui qu'offraient les cadavres que l'on rencontrait à tout bout de champ le long du sentier et à perte de vue sur le terrain. Presque tous gissaient ventre à terre: c'est ordinairement comme cela que tombent et meurent les fuyards. A en juger par les morts que l'on trouvait, ainsi que par les armes, les caisses, les cartouches sans fins semées le long des routes, la poursuite a dû être plus désastreuse que le combat même.

Une épisode bien triste, survenue pendant la poursuite, corrobore entièrement cette assertion. Nous la citons ici d'autant plus volontiers, que le fait s'est passé à l'insu de toute l'armée, l'état-major y compris. Nous tenons, en outre, à faire connaître de quelle façon comprennent la guerre les peuplades du Caucase. Voici donc ce que se passa le 17, non loin de Kars.

A la nouvelle de la défaite que venait de subir Muktar, des bons et braves bourgeois de Kars se decidèrent à aller protéger et aider les fuyards. On forma ainsi deux escadrons de volontaires, armés et équipés à leurs frais. Une fois hors de la ville ces soldats improvisés chevauchèrent par-ci, par-là prêtant aide et secours aux troupes débandées. Mais voici que tout à coup, ils se virent face à face avec une troupe de cavaliers aux allures suspectes.

Prenant ces cavaliers pour des Russes, les volontaires de Kars se rangèrent aussitôt en ordre de bataille et entamèrent la charge. Leurs adversaires (qui étaient des Lesghis) en firent autant, comme de raison. Les deux linges étaient à peu de distance, le trot allait faire place au galop; quand les Lesghis s'arrêtent tout court et entonnent, brûle — pour point, la profession de fois Musulmane — „Il n'y a qu'un seul Dieu", etc. — Les cavaliers turcs, surpris, ébahis, firent halte également; mais cet halte fut leur arrêt de mort, car les Lesghis profitent, à l'instant même, de l'hésitation qui s'était desinée dans la ligne de l'ennemi et fondent au milieu, sabrant à droite, sabrant à gauche.

Ce fut l'affaire d'une heure: après cela des 250 volontaires qui avaient quitté leurs maisons le matin, une quinzaine seulement purent retourner pour répandre en ville la douleureuse nouvelle. Quelle perfidie, quelle ferocité dans ce combat de sauvage! Ça va sans dire que ces loups dépouillèrent immédiatement les cadavres et s'approprièrent tout ce que tomba sous leurs mains, armes, chevaux, équipements, argent, tout.

A l'état-major, rien n'a transpiré de cette affaire, vu que ces Lesghis, Tchetchenes, savent bien cacher les gros coups qui leur arrivent de faire. Ils disent qu'ils ne comprenent pas le russe, et c'est fini. Ce n'est pas, certes, d'eux qu'on doit s'attendre à un rapport.

Mais, voilà comment je l'ai su, après coup. Lors de notre entrée à Kars, je m'installai dans une maison, dont le propriétaire était un garçon de seize ans. Surpris de voir que la famille n'avait personne d'autre pour la représenter qu'un imberbe comme lui, je me mis à le questionner au sujet de son père et de sa parenté. Le jeune garçon me raconta alors tout le drame, tel qu'il s'était passé sous ses yeux, vu que le père avait voulu se faire accompagner de son fils ainé. Le père, comme l'on conçoit, fut massacré devant les yeux du fils: celui-ci se vit arracher de cette scène de carnage par un de ses proches, qui s'élança dans la mêlé pour le sauver.

La guerre a bien son triste côté: Que de victimes s'en vont sans qu'on le sache!

Osman Bey.   7

LE SIÈGE DE KARS.

Le soir du 17, comme nous disions, le quartier-général se trouvait installé à Tikma: dès lors donc commença le siège, ou pour mieux dire, l'investissement de Kars. Faisons remarquer de suite que cet investissement même n'a jamais été complet et effectif; les fortifications de Kars présentant un développement de 11,200 mètres, les forces dont disposaient les Russes étaient insuffisantes à la tâche.

Celles-ci consistaient de 42 bataillons, 53 escadrons et 138 bouches à feu; ce que représente un effectif de 45,000 hommes. Comme de raison, ces forces avaient été déjà réparties le long du cercle d'investissement, dans les localités de Mazra, Melik-keui, Tcholgar, Semavat, etc. etc.

Jusqu'à ce que les batteries et l'artillerie de siège soient prêtes à allumer leurs mêches, nous avons le temps de voir ce que se passait dans l'interval à Kars. Après s'être éclipsés du champ de bataille, Muktar et ses conseillers se hâtèrent de rentrer à Kars, pour y prendre les décisions d'urgence que reclamait la gravité de la situation. Il fallait d'abord pourvoir à la défense de la place: et puis prendre son parti par rapport au gâchis général que présentait l'échiquier. La situation était inextricable, désespérée même, c'est vrai: mais, c'est justement dans des pareils moments, quand on est entre la vie et la mort, que le génie de guerre se manifeste chez les grands capitaines, chez les sauveurs des peuples. Voyons si maintenant Muktar-Pacha, le Gazi, va se montrer à la hauteur de sa réputation et de ses prétentions.

Voici le parti auquel on s'arrêta, en vue de faire face de tout côté: „Muktar-Pacha devait former un corps d'élite de 8 bataillons, 4000 hommes, pour faire aussitôt sa jonction avec le corps d'Ismail et pourvoir ainsi à la défense d'Erzéroum."

Il suffit d'une fort petite dose de connaissances psychologiques, pour comprendre que ce plan savant ne servait qu'a cacher une honteuse fuite, une lâche trahison. Comment! . . le boulevard de la Turquie d'Asie est sur le point de s'écrouler; le point stratégique, qui vaut à lui seul, Erzéroum, Trébisonde, Batoum, bref toute la zone, ce point, disons-nous, court danger de se perdre, et le généralissime l'abandonne à son sort, lui enlevant même ses meilleurs défenseurs!!

A quoi pouvait-il lui servir d'avoir secouru le vieux Ismail et ses soldats en guénilles: de quelle utilité pouvait lui être Erzéroum, une fois Kars tombée? Par contre, Kars restant de bout, quelle valeur auraient-ils pour les Russes les trophés remportés sur Ismail, ou les clefs mêmes d'Erzéroum? Absolument aucune: à la conclusion de la paix, celui qui aurait pu dire — „Je suis à Kars et j'y reste" — celui-là aurait eu le tout du gâteau: l'autre devait nécessairement retrocéder et Erzéroum et Batoum, bref tout ce qu'il avait avalé sans le digérer.

Ces considérations stratégiques et politiques ne dépassent, certes le *criterium*, dont est doué Muktar, ni celui de ses conseillers anglais. On comprend que ces messieurs ne se soient souciés outre mesure ni du sort de Kars, ni de celui de la Turquie toute entière: la nostolgie d'ailleurs a dû y être pour quelque chose dans cette décision fatale et honteuse.

Mais on ne saurait trouver d'excuse pour Muktar-Pacha: son devoir dans cette circonstance était tracé tout nettement: il devait s'enfermer dans Kars et la défendre jusqu'à la dernière extrémité. Lui a fait tout le contraire: il a abandonné la place et s'est sauvé.

Dans un autre pays, qu'en Turquie, ce généralissime en défaut, aurait été traduit devant un conseil de guerre et fusillé!

Si nous disons ici la vérité toute crue à Muktar, c'est que cet homme a eu le courage, de rejeter en notre présence, *) la faute sur ses vaillants, mais malheureux soldats. Le général nous dit, en effet,

---

*) Notre entrevue eut lieu à Rome en 1883.

que s'il avait eu des forces suffisantes et en meilleur état, il aurait fait des miracles. C'est ainsi que parlent tous les généraux battus: les victoires sont pour leur propre compte; les défaites vont sur celui des soldats. Mais Muktar c'est le dernier à qui un pareil langage soit permis. A-t-il oublié que c'est bien à ces pauvres soldats en lambeaux qu'il est redevable pour la victoire de Zevine, ainsi que pour son titre de Gazi, le victorieux? Si Muktar avait eu le courage de s'enfermer dans Kars, il est certain que ces mêmes soldats lui auraient decerné une nouvelle et plus glorieuse couronne: puisqu'il aurait sauvé Kars.

Kars fut donc abandonnée à son sort, ne pouvant compter dorénavant que sur ses propres forces. Le total des forces que Muktar laissait dans la place, s'élévaient au chiffre respectable de 25,000 hommes; plus 298 pièces de différents calibres et de modèles variés. Mais, du chiffre précité il y a à défalquer 6000 malades et blessés, plus 2 à 3000 non-combattants. L'effectif réel des combattants était donc de 16,000 hommes: ce chiffre était insuffisant à la défense d'une place ayant un développement de 11,000 et tant de mètres.

Sous le rapport des munitions et des vivres, Kars était amplement pourvue. Lors de la fin du siège, l'artillerie pouvait encore tiré de trois à quatre mille coups: l'infanterie avait plus de cartouches qu'il ne lui en fallait. Quant aux vivres, on doit dire que les magasins étaient bondés de blé, de farine, de biscuits, etc., à un tel point a quel'armée russe y trouva de quoi s'approvisionner durant tout l'hiver. Pauvre Muktar! l'exemple de 1855 lui avait appris que Kars ne pouvait être prise que par la faim: de là son empressement à entasser sacs sur sacs. Qui lui aurait dit que cette fois nous la prendrions tout autrement!

Malgré cette abondance, d'étalage pour ainsi dire, la troupe languissait dans la misère la plus crasse. Les soldats qui avaient une bonne mémoire pouvaient compter les neuf mois qui s'étaient écoulés depuis la dernière remise de leur paye: mais la plupart avaient beau compter, car leurs arriérés se perdaient dans la nuit des temps. Rien de plus démoralisant pour le troupier, et pour n'importe qui, que cet état de gêne prolongée dans laquelle on ne peut satisfaire au moindre petit caprice, suffire au moindre besoin.

Et pourtant, le croirait-on? Quand Kars tomba entre nos mains, nous trouvâmes tous les pachas et les officiers supérieurs les poches bien garnies. Parmi eux, il y en avaient qui portaient dans leurs valises, jusqu'à cent mille francs en pièces d'or, toutes étincellantes! Cela ne doit guère nous étonner: tel chef, telle armée. Voyant leur généralissime, richissime, les subalternes tâchaient de faire à qui mieux mieux.

Ajoutons, pour completer l'exposé de la situation, que le service sanitaire de la place était rien moins que révoltant. Cela ne pouvait être autrement; vu qu'on avait été forcé d'entasser dans les hôpitaux d'abord et dans des hangars ensuite, les 6000 malades et blessés que la guerre avait rejetés dans Kars. Tous ces locaux s'étaient transformés en tant de sentines d'infection, d'où on n'en sortait que mort ou empesté. Et comment aurait-il pu être autrement, une fois que les malades manquaient de tout, mais de tout: pas de draps, ni de linge à changer; pas de médicaments; pas de médecins, ni de servants en nombre suffisant pour soigner tout ce monde!

Baissons le rideau sur ces horreurs, dont le souvenir seul nous attriste l'âme.

Voilà dans quel état Muktar-Pacha quittait Kars. Sa conscience, pourtant, dut lui faire des terribles reproches: de là, sans doute, la hâte qu'il mit à en référer par télégraphe à Constantinople. Le ministère, affolé à son tour, que pouvait-il lui répondre, si non: „Vous êtes le meilleur juge de la situation; faites comme vous croyez mieux." C'est justement cela que l'habile pacha tenait à entendre: dès lors il était à couvert; le reste lui importait peu. Muktar a réussi ainsi à se mettre à couvert de la responsabilité officielle: mais la responsabilité morale pèse lourdement sur lui, devant les juges impartiaux et devant l'histoire.

Règle générale. A la guerre il y a de ces moments critiques, solennels, où le chef, auquel une nation a confié son sort, doit, courageusement et à la minute, endosser toute responsabilité. Les *referendum* sont alors inadmissibles: le commandant en chef ne doit connaître d'autre intermédiaire, entre lui et sa conscience, que l'Être-suprême. C'est son devoir le plus sacré, de se dire: „Cela doit être ainsi; saute en l'air, moi et mon armée!" (pas mon armée et moi, s. v. p.).

Toucher des gros appointements; être chamarré comme la mule du Pape; se faire faire la courbette de tous: et puis quand il faut payer de sa personne, courir au télégraphe pour y lancer un *referendum;* ce métier-là est trop aisé, ma foi, pour qu'il soit si bien payé!

Muktar proposa également au ministère de confier la commandement de Kars au général de division Hussein-Hamy Pacha. Le ministre de la guerre approuva cette nomination, vu que ce pacha jouissait de la réputation d'un homme énergique, à poile, comme on dit. Mais, sait-on sur quel genre d'énergie se fondait cette réputation? Sur rien moins que l'assassinat d'Abdul-Aziz!

En effet, ce triste personnage avait été l'aide-de camp et le confident d'Hussein-Avny Pacha, ce traître-assassin qui tomba sous le poignard vengeur du Circassien Hassan. Il est connu que les criminels sont généralement des lâches. Muktar en jugea autrement: il s'imaginait qu'un homme qui a trempé dans le régicide serait un vaillant défenseur de la patrie. Il se trompait grandement, ainsi que nous allons bientôt le voir.

Mais ici nous touchons à une question d'un intérêt capital, au point de vue de la critique militaire. Il s'agit d'établir la corrélation logique et de fait qui existe entre les causes et les effets, thème que nous avons déjà développé en parlant de l'origine de la guerre. Il a été dit que la politique de la guerre n'est autre chose, si non l'idée génératrice qui pousse à la guerre, idée qui se fait jour à travers les différentes périodes et les phases variées de la lutte.

Dans la guerre russo-turque de 1877—78, l'idée génératrice pour le compte de la défense, était: — résistance à outrance par la rébellion, le régicide et les massacres. — Aussi, c'est bien de cette source que vinrent le pronunciamento militaire, les atrocités bulgares et enfin la nomination d'Hussein-Hamy, dont les atrocités motiveront la chute de Kars. Ainsi, une guerre inaugurée par la rebellion et le régicide devait infailliblement terminer par la lâcheté et la trahison. Voilà en quelques mots la raison philosophique des événements qui vont s'ensuivre et au milieu desquels nous n'avons agit qu'en humble instrument de la Providence.

OPÉRATIONS.

—————

Une courte description de la forteresse est de rigueur afin de mettre nos lecteurs en état de suivre le récit des opérations. Kars est située sur le versant d'une chaîne d'hauteurs, prolongation de la chaîne principale, le Soghanli-dagh. Dans une gorge profonde et escarpée, qui partage la ville et la forteresse en deux parties, serpente le fleuve Kars-tchaï, qui coule dans la direction du sud-ouest au nord-est. Ce cours d'eau a en moyenne 40 à 50 mètres de largeur et dépasse rarement 1,50 m de profondeur. Deux ponts en pierre servent à entretenir la communication entre le centre et les quartiers au ouest de la ville: un autre pont en bois se trouve à l'extremité sud.

Les rues de Kars sont tortueuses et mal pavées: elles sont encaissées entre des épaises murailles qui constituent le front des maisons et de leurs dépendances. Des toits plats bien bourrés de terre, font de ces constructions des reduits à l'épreuve des bombes.*) Ceci explique le peu d'effet du bombardement, ainsi que le parti que la garnison aurait dû en tirer pour repousser l'assaut. La citadelle se trouve perchée sur un rocher à pic, de 250 pieds d'hauteur: elle domine la ville et ferme la gorge par où s'écoule le fleuve.

Ouvrages. Les fortifications extérieures, qui constituent un camp retranché, se composent de 12 forts, dont 3 servent à enfermer la ville et la protéger du côté de la plaine; nous les appelerons donc, forts inférieurs: 2 autres forts, en continuité avec la citadelle, dominent les hauteurs de la rive droite: les 7 autres couronnent les hauteurs de la rive gauche: ces derniers 10 forts ce sont les forts supérieurs, ou d'en haut. Ces ouvrages étaient reliés au moyen de lunettes, flèches, cremaillères, etc.

L'ensemble de ces ouvrages présentait un développement de lignes de feu formidable. Pourtant le système avait deux défauts principaux: 1⁰ La séparation de la place en deux parties par le lit profond du fleuve, ce que divisait aussi la défense en deux secteurs: 2⁰ le manque d'eau dans les forts et la grande difficulté de s'en procurer dans le fleuve.

Voici la nomenclature des forts dans l'ordre ci-dessus tracé.

---

*) Les maisons ont, en plus, des souterrains: c'est là que les habitants se tenaient cachés durant le bombardement; c'est là aussi qu'ils ont enfouî leurs trésors.

Forts inférieurs. 1er Suvari, 2me Kanli, 3me Hafiz.

Forts d'en haut (rive droite) 1er Kara-dagh, 2me Arab.

Forts d'en haut (rive gauche) 1er Muchliss, 2me Ingliss, 3me Veli-Pacha, 4me Laz-tépési, 5me Tikh, 6me Tahmass, 7me Tchim.

Nous ferons remarquer que le fort Tahmass c'est le géant du système: il commande en effet les forts, 3, 4, 5, 7.

PLAN D'ATTAQUE.

Lorsqu'en 1855, Mouravieff mit le siège devant Kars, il établit son quartier-général à Semavat, du côté nord-ouest de la forteresse. Ce choix avait été déterminé par le plan d'attaque, adopté alors par le général russe, qui voulait réduire Kars en prenant d'assaut le fort Tahmass, le point culminant de tout le système de défense. Mouravieff se proposait, comme l'on voit, de saisir le taureau par les cornes: mais ce plan téméraire échoua complètement et huit mille cadavres jonchèrent les pentes de l'indomptable Tahmass. C'est là, où se signala le Circassien Hussein-Daïm Pacha, mon bien regretté chef et ami.

Les souvenirs de cette effrayante boucherie étaient encore frais dans l'esprit de beaucoup de nos officiers qui avaient pris part à cette attaque. Aussi est-ce dans le but d'éviter la répétition de cette expérience que le Grand-duc Michel avait établi son quartier-général au sud-ouest de Kars, adoptant ainsi un plan d'attaque tout à fait différent. Ce plan consistait à attaquer les trois forts d'en bas qui protègent la ville; à occuper la ville avec les approches de la rivière et à obliger les forts d'en haut à capituler.

La conception de ce plan était due au général Loris Melikoff, qui en 1855 avait été commandant de place à Kars, après sa reddition. Mettant à profit les quelques mois de séjour qu'il fit dans la forteresse, cet officier prépara le plan que lui-même devait plus tard essayer. Au point de vue technique, on pourait objecter, que si les Turcs tenaient bon dans les forts supérieurs, il deviendrait impossible de leur couper l'eau; à leur tour, ils seraient alors maîtres de détruire la ville et d'obliger les Russes à l'évacuer avec les quelques forts du bas, dont ceux-ci auraient pu se saisir.

Ce dénoument était inévitable; et si l'issue a été tout autre ,cela est dû uniquement à la fuite du commandant, laquelle s'effectua à la faveur des ténèbres. Comme l'on verra, le plan ingénieux du général Loris Melikoff a raté complètement.

Suivons maintenant les opérations et les incidents émouvants auxquels elles vont donner lieu. Du 17 octobre au 20 toutes les disposition savaient été prises pour ouvrir le feu contre la place. Deux batteries avaient été établies en avant de Magaradjik, point extrême d'un vaste demi-cercle qui devait entourer Kars du sud-est au nord-ouest. Avant de commencer le feu, le Grand-duc, commandant en chef, fit, selon l'usage, sommer le commandant de la forteresse de se rendre à discrétion. Cette formalité fut remplie par le prince Terhanoff, qui était chargé de remettre au pacha une sommation écrite en turc et en russe.

Quoique nous ayons collaboré à la rédaction de cet instrument solennel, ceux qui le remanièrent et le mirent au net, en firent quelque chose d'indéchiffrable. Comm'il fallait s'y attendre, dans la forteresse personne n'y compris mot. Le prince Terhanoff, donc, ne sut que faire de sa sommation qui n'était que du baragouin pour le commandant turc. Il s'en retourna auprés du Grand-duc les mains vides, n'ayant pu obtenir que l'assurance de l'envoie prochain de deux parlementaires, chargés d'en venir à des explications.

En effet, le lendemain, le 22, vers quatre heures de l'apres-midi, les parlementaires se présentèrent aux avant-postes: de là, ils nous furent emmenés, les yeux bandés, et avec toutes les formalités requises en pareille circonstance. Ici des réflexions se forcent à notre esprit, que tout homme de guerre ne pourra que trouver justes.

Quel besoin avait-il, ce commandant de Kars, de ce soucier, outre mesure, du contenu de la missive que lui remettait le prince Gorgiano-russe? Baragouin ou non baragouin, que pouvait-elle être cette lettre, si non une sommation en règle de rendre la forteresse et de s'en aller avec la grâce de

Dieu? Des deux choses une: ou Hussein-Hamy songeait à traiter, et alors on s'explique l'envoi des parlementaires; ou bien, il ne voulait point se rendre, et en ce cas les dits parlementaires n'avaient rien à faire au camp russe.

Mais nos considérations ne s'arrêtent point là, vu que cet envoi de parlementaires constitue une faute bien grave, une de ces violations des règles de la guerre qui entraînent avec elles leur châtiment. Ce drôle qui se signait, Commandant, ignorait, certes, que la défense a tout intérêt à ne point communiquer avec le dehors; vu que son salut dépend du mystère dont elle sait s'entourer. Et cela en opposition avec l'offensive qui tâche par tous les moyens à dévoiler et à pénétrer la défense.

Nous avons dit, tout à l'heure, que les infractions aux usages et aux règlements de la guerre sont suivies de près de leur châtiment. Rien ne saurait mieux illustrer cet axiome, que ce que est arrivé à cette occasion à ce même commandant de Kars, qui fut, pour ainsi dire, foudroyé sur le coup et voici comment.

Grâce à l'arrivée des parlementaires, au camp russe, on s'est assuré des données suivantes, toutes de la plus haute importance:

1º L'incapacité et l'indécision d'ésprit du commandant ennemi;

2º L'indécision au même degré du commandant en second qui, comme chef de l'artillerie, était l'âme de la défense;

3⁰ Enfin, une surprise allait jeter le désarroi dans la forteresse: c'est la nouvelle que les parlementaires eux-mêmes allaient répandre, en annonçant notre présence dans le camp russe.

Que l'on remarque, que rien de tout cela n'aurait transpiré, de part et d'autre; rien ne serait arrivé, si Hussein-Hamy Pacha n'eût eu la malencontreuse idée d'envoyer ses parlementaires. Cette mission se composait de deux officiers, le colonel d'artillerie Hussein-bey, commandant en second, et le capitain d'état-major, Féhim-bey.

Comme le colonel Hussein-bey a joué le premier rôle dans la défense, et qu'en plus, il est le Bazaine de Kars, il est nécessaire qu'ici nous nous occupions à long de lui.

S'il y a quelqu'un qui puisse se plaindre de son sort, c'est, à coup sûr, le malheureux Hussein-bey. En 1828, il fut fait prisonnier, pour la première fois, par les Russes, lorsqu'il n'avait que deux ans. Son père, le grand-vézir Seresli-Yussuf Pacha, signa alors la reddition de Varna et avec toute sa famille se vît interner à Odessa. Là le petit Hussein fut accueilli et allaité par la princesse Woronzoff, qui tenait à faire de la charité chrétienne de réclame, en faveur des prisonniers. A la conclusion de la paix, le grand-vézir et sa famille furent de retour à Constantinople, où la clameur publique le déclara tout bonnement traître. On prétendit que ce pacha avait vendu Varna pour tant de millions. Est-ce possible qu'un homme tout-puissant comme celui-là, archi-millionnaire, vende une forteresse pour avoir quelques millions en plus? Les masses, pourtant, ajoutent foi à ces trahisons absurdes, qui n'ont d'autre fondement, que le besoin irrésistible de désigner un bouc-émissaire qui doit expier les fautes de tous. L'amour-propre national est alors satisfait; et tout va pour le mieux dans le meilleur des mondes.

C'est bien là l'histoire des Bazaine, des Persano, des Yussuf-Pacha et de son malheureux fils, qui devait, à Kars, subir le sort du père; avec cette différence, néanmoins, que le vézir a pu se réhabiliter, tandis que le fils, lui, gémit dans un cachot depuis bientôt douze ans.

Mais revenons à 1828, et à Hussein-bey. Une fois grandi, le jeune officier fut envoyé en Angleterre et là il compléta ses études à l'académie royal de Woolich. De retour dans son pays, en 1853, Hussein fut employé presque exclusivement dans les arsenaux, de façon qu'il était devenu une sorte de mécanicien-spécialiste. Ce fait est d'une grande importance, vu qu'à Kars cet officier se trouvait être chargé d'une tâche au dessus de ses capacités: pourtant ce n'est qu'une justice à lui rendre, en certifiant que le pauvre fit de son mieux.

Il nous reste à ajouter que Hussein-bey et moi nous avons tousjours été les meilleurs amis: nous nous fréquentions constamment et sans façon. Cette amitié de vieille date s'étendait, comme de raison, à nos familles.

Hussein-bey et son collègue, le capitaine d'état-major, arrivèrent au camp, ainsi qu'il a été déjà dit, dans l'après-midi du 22 octobre. A peine avaient-ils mis pied à terre, qu'aussitôt ils furent introduits auprès du commandant en chef, qui, tout en leur faisant un accueil gracieux, leur signifia qu'il fallait se rendre, car dans la situation, où se trouvaient les armées turques, Kars devait nécessairement tôt ou tard succomber. Son Altesse Impériale, en parlant ainsi, ne faisait que manifester le désir qu'elle éprouvait d'éviter une effusion de sang désormais inutile.

Le commandant d'artillerie, pour toute réponse, se borna à donner au Grand-duc l'assurance, que le Pacha de Kars connaissait bien la situation; mais qu'il connaissait aussi que son devoir était de ne céder qu'à la force.

En sortant de chez le Grand-duc, les parlementaires furent introduits auprès du général Loris-Melikoff, qui, connaissant le turc, était à même de mieux s'entendre avec eux. Au milieu de la conversation, le général demanda aux officiers turcs, s'ils me connaissaient. Hussein-bey ayant repondu affirmativement, Loris expédia sur le champ son cosaque pour me faire appeler.

Je me trouvais alors sous ma tente, et ne sachant rien de l'arrivé des deux officiers turcs, je fut surpris en voyant arriver le cosaque tout éssouflé. Sur cela, je mis mon sabre et me dirigeai de suite vers la tente du général.

On peut s'imaginer qnelle fut ma surprise quand je vis deux officiers turcs assis en face du général et l'un deux qui me regardaient fixement dans les yeux. A l'instant même, je reconnu mon ami, Hussein-bey; l'émotion m'ayant gagné, je curus à lui et nous nous embrassâmes en présence de Loris. Le général ne put s'empêcher d'être à son tour vivement impressionné par la scène qui lui offraient deux amis qui se retrouvent dans des circonstances si extraordinaires. Aussi n'hésita-t-il pas à nous féliciter: il nous demanda des renseignements sur notre passé et nos anciennes rélations.

Mais Loris, homme pratique, expert dans l'art de saisir les occasions au vol, ne se contenta point d'admirer le côté romanesque de notre rencontre. D'un clin d'œil il comprit le parti que l'on pourrait tirer de l'amitié qui existait entre moi et Hussein-bey. Cette idée dans la tête, le général s'éloigne un instant et va raconter l'étrange histoire au Grand-duc: là il se réunit aussitôt un conseil intime où l'on discouta les moyens d'utiliser cette trouvaillé toute providentielle.

De retour, Loris m'enjoignit de reconduire mon ami jusqu'aux lignes turques. Cela se passait en présence des deux officiers turcs.

Mais au moment, où je m'apprêtai à monter à cheval pour rejoindre l'escorte, le cosaque du général revient et me dit de le suivre.[1]) Au lieu de prendre la direction de la tente du corps-commandier, mon guide me conduisit dans celle occupée par le général prince Svetopolk-Mirsky. En y faisant mon entrée, je trouve le prince en tête à tête avec Loris: les deux généraux me prirent aussitôt au milieu et se mirent à m'exhorter, afin que je fasse de mon mieux pour engager Hussein-bey à négocier la reddition:

„Voyez", me dirent-ils, „si l'on peut faire quelque chose, nous sommes prêts à payer 400,000 roubles, c'est à dire 1,000,000 francs."

Après avoir reçu ces instructions, je dus rejoindre l'escorte et mon ami, qui était pressé de rentrer: en quelques instants nous nous mimes en selle et nous sortîmes du camp au milieu d'une obscurité complète. Comme Hussein-bey et moi nous marchions à la même hauteur, j'eus toute la liberté de lui parler, sans que son compagnon put nous écouter.

D'abord je lui fit part du message qu'on m'avait confié, mais en badinant bien entendu: „Hussein-bey", lui dis-je, „il y a 70,000 livres à partager, en veux-

[1]) La scène, dont il s'agit n'a pas parue dans „Le Temps" du 18 août 1880. A cette époque nous portions les enseignes de l'ordre de St.-Anne: comme depuis nous avons renvoyé cette décoration, nous sommes à présent libres de dire l'entière vérité.

tu? Mais on demande pour cela Kars, et dans les vingt-quatre heures." Hussein-bey, qui aime aussi beaucoup à rire, s'en donna à satieté de cœur.

Cette proposition était tellement saugrenue, qu'on a vraiment de la peine à comprendre comment elle ait pu venir à l'esprit de gens si rompus aux affaires, tels que Loris et Mirsky. En effet, il saute aux yeux qu'avec la meilleur volonté du monde, il serait, matérialement parlant, impossible de traiter une affaire de ce genre. Et si le commandant de Kars répondait:

„Eh bien, oui, je suis à acheter, mais à une seule condition: c'est qu'on me garantisse que la même main, qui doit me compter cet argent, ne l'empoche pas après pour son propre compte."

Que répondraient à cela et Loris et Mirsky et même les plus habiles courtiers de Paris ou de Londres? Quant à moi, je m'avoue incompétant en pareille matière: aussi me suis-je bien gardé de prendre la chose au sérieux.

Cet incident, insignifiant en apparence, a pourtant sa valeur. D'abord, parcequ'il fait ressortir le tort qu'a eu le commandant de Kars en envoyant des parlementaires. Cette mission donnait à supposer que le pacha voulait provoquer des avances de ce genre. Cet incident sert à prouver, en outre, qu'en ce moment l'état-major russe comptait fort peu sur la réussite du siège. Je paris, que si on avait marchandé, Kars aurait été coté à 6,000,000!

Passant à d'autres sujets, je tâchai de convertir Hussein-bey à mes idées politiques: j'insistai sur l'inutilité de cette guerre, qui ne pouvait profiter qu'aux Anglais, à des prétendus amis qu'on cherche vainement au moment du danger.

Nos éclaireurs vinrent peu de temps après m'informer que nous étions tout près des ennemies, de la grande-garde turque. Je m'empressai aussitôt de conclure notre dialogue, en adressant ces mots à Hussein-bey.

„Je comprends que vous deviez vous battre; faites donc votre devoir en homme de cœur, en soldat. Mais ne poussez par les choses jusqu'à l'extrème: et surtout prenez garde de ne pas commettre des excès, car vous les pairiez après. [1]) Puis, radoucissant tant soit peu le ton, j'ajoutais:

C'est entendu, mon ami, si je tombe entre vos mains, tu me sauveras; et si tu tombes entre les nôtres, tu peux compter sur moi. N'oubliez pas, ajoutai-je, en lui serrant la main, de m'écrire en cas que vous voyez la possibilité de faire cesser les hostilités.

Cela dit, nous donnâmes de l'éperon et chaqu'un de nous s'éloigna dans le sens opposé.

---

[1]) Que le lecteur prenne note de cette ménace (parfaitement bien comprise par Hussein-bey) car, comme on le verra, c'est cette même ménace écrite qui a forcé Hussein-Hamy Pacha à prendre la fuite.

Voyons maintenant se dérouler les graves conséquences de cette entrevue, d'un caractère extraordinaire et providentiel. Le premier résultat immédiat ce fut la conversion, ou le repentir, si l'on veut, d'Hussein-bey, qui, conjointement avec le commandant, était l'âme et le soutien de la défense. Jusqu'alors Hussein-bey avait rivalisé avec son chef dans le rôle d'outrancier fanatique. Afin de soutenir le moral de ses soldats, le colonel d'artillerie affectait des airs de bravade: tandis que, pour terroriser les habitants, il présidait, en plein marché, à la confection d'un tas d'instruments de torture, tels que cordes, chaînes, poteaux, etc. De retour cette fois à Kars, Hussein-bey changea brusquement d'allures et se refusa de se prêter plus longtemps à cette politique d'atrocités, dont le sanguinaire pacha voulait le rendre complice. Evidemment mon conseil avait porté ses fruits: car dès lors Hussein-bey prit la résolution de s'en tenir au rôle de commandant de l'artillerie et de faire simplement son devoir, en laissant à Hussein-Hamy la responsabilité de ses propres actions.

Mais, de cette attitude du commandant en second, il resulta qu'un frottement se produisit dans le commandement, ce qui devait paraliser en partie les forces de la défense. En effet, le pacha ne pouvait plus désormais compter sur l'appui sans condition de son second; tandis que celui-ci, par son attitude reservée, mais correcte, embarrassait le commandement général.

Il faut faire observer que cette défection du commandant de l'artillerie était d'autaut plus sensible pour la défense, que Hussein-Hamy était tout à fait incompétent en matières militaires: il était devenu pacha dans les anti-chambres et au milieu des conspirations.

Ce n'est pas là pourtant que s'arretèrent les conséquences de l'entrevue avec Hussein-bey, car elle suscita une perturbation au milieu de la garnison et par suite dans la défense. Cette entrevue a été le coup de grâce qui a terrassé le moral des défenseurs de Kars. En effet, à la rentrée des parlementaires, la nouvelle se repandit que Osman-bey Kibrizli-zadé, ancien Major dans cette même armée d'Asie, se trouvait faire part de l'état-major russe. Or, pour se rendre compte de l'émotion que produisit cette nouvelle, il est bon de savoir que sur les cinq officiers supérieurs en commandement dans la place, quatre étaient de mes anciens collègues. Ainsi les généraux, Mehemet-Munib, Mehemet-Tcherkiess, Daud-Pacha et enfin Hussein-bey, colonel, avaient tous servi avec moi et savaient bien ce dont je suis capable. Leur émotion donc était toute naturelle.

Mais cela n'est pas tout. Parmi la troupe même, il se trouvait bon nombre de mes anciens officiers et soldats, qui avaient fait, sous mes ordres, une campagne contre les Kurdes, en 1863—64. A cette occasion j'avais mené les choses rondement, à un tel point, que les habitants m'avaient décerné le titre de déstructeur des Kurdes. Quant à mes soldats, ils m'aimaient tellement, que lors de mon départ ils s'accrochaient à mes étriers et n'entendaient pas que je les laisse.[1])

Il est facile de s'imaginer donc l'effet produit par la nouvelle de ma présence au camp de Tikmà: tout ceux qui me connaissaient personnellement ou de réputation, durent se dire: „Une fois qu'il est là, tout est fini, nous sommes perdus."

Pour tout juge impartial les faits et les conclusions que nous venons d'exposer sont sans replique. Pour les Russes tout cela n'est que de la pure fantaisie: la vérité vraie, pour eux, c'est que le miracle a été opéré au touche de leur magique baionette. Nous aurions voulu voir ce qu'elles auraient fait leurs fameuses baionettes, si le nom et le doigt d'Osman-bey ne leur avaient ouvertes toutes larges les portes de Kars! Mais voyons ce qui va s'ensuivre: une surprise succédera à l'autre.

---

[1]) Mon bataillon était le 2me de 4me régiment, en garnison à Van (Kurdistan).

LES ANGLAIS.

Personne ne se doutait qu'il y eût des Anglais dans Kars: voici comment on en fit la découverte. Le lendemain du départ des parlementaires, le 23 octobre, une foule de gens, qui en voitures, qui à cheval, se présentèrent aux avant-postes sollicitant instamment le passage, vu que le bombardement était sur le point de commencer. Le commandant en chef refusa le passage aux hommes valides; il fit exception pourtant en faveur des femmes et des enfants, auxquels on accorda libre passage.

Voilà que tout à coup on voit paraître une caravane de sept à huit cavaliers, avec casques et écharpes blanches sur leurs têtes. C'était la commission anglaise du Croissant-rouge qui sollicitait également passage libre, avant que la pluie des bombes n'eût obscurci l'atmosphère et obstrué les chemins. S. A. I. crut devoir considérer les messieurs comme étant de la catégorie privilégiée des femmes, etc.; et sur cela ils furent conduits, les yeux bandés et sous bonnes escortes, jusque dans notre camp. Racontons maintenant l'histoire de ces messieurs. Nos lecteurs doivent se souvenir qu'il a été question déjà des officiers anglais qui se trouvaient dans le camp turc: nous avons mentionné également la commission du Croissant-rouge et son chef le Dr. John Nesby-Casson. Tous ces messieurs avaient été expédiés de Londres par les soins philanthropiques du lord Beaconsfield, qui ne savait que faire afin de témoigner de la sympathie que lui inspirait la cause des Turcs.

Que l'on remarque que cette sympathie avait pourtant ses bornes, ses justes limites, puisque elle était circonscrite dans l'étendue du théâtre de la guerre d'Asie; et cela au détriment du théâtre européen. Ceci est fort compréhensible, vu que l'Angleterre, puissance éminemment Asiatique, ne peut pas avoir des entrailles paternelles et pour l'Europe et pour l'Asie, en même temps. Donc Beaconsfield se contenta d'expédier quelques bons conseillers, à l'usage de l'armée; un médecin-politique, pour tout usage, couvert par la Convention de Genève. Le but était humanitaire: et il n'y a rien à dire.

Lorsqu'il fut question de s'évader adroitement de Kars, Muktar et Kembell furent d'avis de laisser dans la forteresse la commission du Croissant-rouge, car cela leur permettait de donner le change à la garnison, tout en se donnant l'air de se soucier de son bienêtre. C'était fin, c'était en maître!

La commission du Croissant-rouge devait, d'après ce plan, jouer le rôle d'une arrière-garde, chargée de donner le temps au corps principal de filer. Au Dr. Casson on fit comprendre que son dévoir était de soutenir le moral de la garnison; pourtant on le laissa libre de filer lui aussi, quand il le jugerait opportun. Le moment psychologique s'étant présenté (puisque on allait bombarder) le Docteur se présente au commandant de Kars et lui dit qu'il lui fallait à tout prix partir.

Si le commandant avait été un homme à poile, s'il avait connu son dévoir, voici la réponse qu'il aurait du faire au brave docteur:

„Comment tu veux t'en aller, toi! Tu veux nous planter juste au moment, où nous avons de plus besoin de ton aide, de tes soins? Mais il n'y a pas à y songer! Nous, Turcs et vous autres, Anglais, nous sommes des amis inséparables; donc nous devons mourir ensemble, ainsi que nous avons vecu ensemble.

Commandant du piquet! Prenez-moi ces grédins: vous allez les mettre en ligne sur le parapet de la batterie, contre laquelle l'ennemi ouvrira le feu. Entendez! Marche.“

Mais Hussein-Hamy procéda autrement: il crut de son intérêt de se ménager des amis dans ces Anglais, dans l'Ambassade, etc.: sur cela, il fit semblant de prendre pour de la bonne monnaie, toutes les promesses de secours que Casson lui faisait mériter aux yeux; et sur cela, il le lâcha ensemble avec tout son cortège de sous-aides, d'infirmiers, etc.

Hamy-Pascha ne pouvait faire de plus grosse bevue. A-t-on jamais vu qu'un commandant d'une place assiègée lance dehors tout un essaim de gens éffarés, qui emportent avec eux l'odeur locale, plus un tas d'indices et de signes propres à réveler toute une situation, la consternation générale. Mais c'est là une vraie aubaine donnée gratuitement à l'armée de siège. Quant au renvoi des Anglais, c'était bel et bon une énormité. La garnison se voyant abandonner de ceux qu'on avait toujours envisagé comme des alliés puissants, la défaillance dût gagner tout le monde.

Il ne fallait que cela après l'émotion produite par la nouvelle de ma présence au camp russe. Que l'on remarque que ces deux mauvaises nouvelles frappèrent les pauvres Turcs coup sur coup, à quelques heures seulement d'interval. Quelle est l'âme qui peut résister à tant de revers, sans en être complètement démoralisée!

Mais chaque crime entraine avec soi son châtiment: Aussi ce malheureux pacha, sans s'en douter, se coupa sa propre gorge par le simple renvoi des Anglais. Car, c'est justement ce docteur Casson qui va bientôt me fournir l'arme terrible avec laquelle j'ai terrassé du coup et Hamy-Pacha et sa forteresse. Que le lecteur suive donc avec attention cet épisode tragique à travers ses actes à la fois émouvants et extraordinaires.

Nous ignorions complètement, ainsi qu'il a été dit, que Kars enfermait des Anglais dans son enceinte. Vive fut la surprise quand on vit paraître des casques à turban au beau milieu du camp: tout le monde se mit à courir; car ce spectacle avait en soi quelque chose de piquant. En ce moment, je me trouvai désœuvré: voyant les soldats s'aggrouper sur ce point, je fus naturellement tenté d'aller voir ce que se passait. Par derrière la foule je me mis donc à observer la scène qui se déroulait devant nos yeux.

L'escorte avec les Anglais au milieu, s'avançait: arrivée à la hauteur de la foule, l'officier fait mettre pied à terre à ses hommes, qui, aussitôt font vider sa selle aux prisonniers, tout en leur enlevant le bandage d'autour les yeux. De mon côté je fixai, comme de raison, la figure principale du groupe: c'etait un homme dans la quarantaine, brun, blême et dont le corps était visiblement sous le coup d'une forte émotion; il tremblait de la tête aux pieds: Aussi lui fallut-il un effort considérable afin d'adresser ses quelques mots à la foule:

„I trust on russian civilisation!" Ce qui en bon fançais veut dire: „Ma vie est à la merci d'un peuple civilisé, généreux, comme sont les Russes." C'était là une étrange déclaration dans la bouche d'un Anglais et surtout d'un agent-provocateur à la guerre! Mais la peur ne raisonne pas: et le malheureux avait bien de quoi trembler avec une conscience pas très propre et se voyant tout à coup entouré par un tas de têtes de loups, qui grinçaient les dents en flairant là chair des maudits Anglais. En effet, la haine contre eux était telle en ce moment, qu'il n'aurait fallu que d'un signe pour faire mettre en pièces toute la commission.

Pendant que cette scène se déroulait, moi j'étudias attentivement la physionomie de ce malheureux docteur: je me mis à analiser sa bouche, ses yeux, son nez: l'ensemble de l'expression me parut familière; plus je fixe ses traits, je crois les reconnaître; je doute encore un instant; puis je fais un bond en exclamant:

Mais oui, c'est lui . . . c'est bien lui; Casson . . . Casson de Alfertow . . . ah le pauvre!

Me voilà aussitôt en proie, à mon tour, à la plus violente émotion: d'un côté, la haine de l'Anglais me repoussait loin; d'un autre, les souvenirs de jeunesse, les liens d'amitié, plus, un sentiment de pitié me poussaient vers cet homme qui tremblait pour ses jours. Ce fut plus fort que moi; je ne pus plus y résister et, dans un clin d'œil, je me frayais un passage de vive force au milieu des soldats, je saisisais Casson au bras, lui exclamant: „Casson, ne crains rien! c'est moi . . . me reconnais-tu?" A ces mots, Casson reste abassourdi: il ne pouvait croire à ses sens. „Oui!" répondit-il, après une legère pause, „oui! je m'imaginais que je vous rencontrerais quelque part au milieu de ces guerres."

Je courus aussitôt faire mon rapport au général, en lui fournissant tous les renseignements voulus par rapport aux antécédents du docteur Casson et à nos rélations. Je lui racontais, en peu de mots, comment en 1868 j'avais fait sa connaissance chez une famille anglaise des plus respectables, que nous avions eu depuis des rélations suivies et correctes, et quant à sa présence au camp turc, elle s'expliquait par la nécessité de trouver une place quelconque, fut-ce même à Timboctu.

Je me garda bien de trop appuyer sur ce dernier point, de peur que Loris n'ait ordonné de soumettre le malheureux docteur et ses compagnons à un interrogatoire serré, précédé d'une fouille en règle de ses papiers, effets, etc. Si les choses en étaient arrivées là, les Anglais auraient passé un fort mauvais quart d'heure.

Quoiqu'il en soit, Loris-Melikoff, cedant à mes sollicitations, s'en remit complètement à moi et me donna pleins pouvoirs d'agir envers ces gens, comme je jugerais mieux. Pourtant, il fut décidé à l'état-major que le rapatriment de ces messieurs se ferait par la voie de Tiflis, Vladikavkas et non pas par Erzéroum—Constantinople, ainsi qu'ils en avaient exprimé le désir.

Toutes ces différentes questions une fois reglées, il ne restait plus qu'a pourvoir aux besoins les plus pressés du docteur et de ses compagnons. La chose n'était pas si aisée que l'on peut croire, vu que le dicton,

„à la guerre comme à la guerre“, implique le manque de tout. Pourtant, avec un peu de bonne volonté, on réussit quand même, à procurer à nos hôtes un gîte à la fois chaud et mou sur de la paille et éclairé d'un bon feu: ce sont là les délices du bivouac. Pour ce qui est du chef de la mission, en ami qu'il était, je dus nécessairement faire quelque chose de plus pour lui. Casson fut autorisé à circuler dans le camp et pu même trouver un modeste couvert au mess de M. M. les officiers.

Il restait néanmoins une difficulté plus grave à survaincre afin de tirer complètement d'embarras ces philanthropes échoués. Ces messieurs étaient à court d'argent; et le lendemain force leur était de filer sous escorte et de filer vite. Le docteur me fit part de ce détail fort gênant pour lui et pour ses compagnons: comme pis aller, Casson, voulut que je lui procurasse une petite subvention de la part de la caisse de l'état-major. Après un moment de réflexion, je me tournais envers lui, et lui dis-je:

„Non, cela ne se peut pas! Je tiens à vous éparguer l'humiliation de tendre la main à vos ennemis. Tenez: il y a un moyen bien plus simple: donnez-moi, vos chevaux, votre équipement, et tout-ce que vous avez de superflu, et, avec cela, je me charge de vous expédier tous convenablement.“

Casson, comme de raison, fut enchanté de cette trouvaille, et aussitôt la vente aux enchères eut lieu tambours battants. Ainsi, tout étant pour le mieux, à l'aube, la caravane anglo-turque se mit en route, confiée aux aimables soins de trois cosaques du type le plus pur.

La raison qui nous a fait allonger ce récit sur le gîte de Casson et de ses compagnons et la façon dont ils furent traités, c'est que, une fois au large, ces messieurs portèrent plainte au sujet de l'accueil qu'ils avaient trouvé dans notre camp. Décidemment il n'y a pas moyen de contenter les Anglais. Et qu'auraient-ils dit, si on les avait traités en espions, en agents provocateurs et qu'on les eussent internés à Tombow ou à Simbirsk! Ils se sont même tournés contre moi, leur ange sauveur!

Venons, à présent, aux résultats pratiques de cette rencontre avec les Anglais, car mes lecteurs ne supposeront, certes pas, que je laisserais échapper une si belle occasion, sans tâcher d'en tirer quelque profit. Revenu de la première émotion que me produisit la découverte de Casson, je songea, comme de raison, à l'utiliser dans l'intérêt de l'armée. Ici je dois prier tout spécialement ceux qui sont de notre métier, de me suivre attentivement, car mon exemple leur apprendra, comment il faut faire en vue de passer du terrain des hypothèses, de l'inconnu, sur celui des renseignements positifs. C'est là l'objectif de l'officier en campagne.

„Que peut-on apprendre", me dis-je, „de ces gens qui arrivent tout-frais de Kars? Sur

9*

le compte de la garnison il y a peu de choses qu'on ne connaisse déjà: les autres conditions de la défense sont également connues."

Tout à coup un trait de lumière me vint:

"Tiens", je me dis, "il y a une chose au sujet de laquelle je dois me renseigner, à tout prix, car elle peut avoir des énormes résultats. Je ne connais point le commandant, Hussein-Hamy Pacha; je ne sais pas qui il est, ni ce qu'il vaut. Sapristi! Si je réussis à apprendre cela, ma collection sera au grand complet, puisque j'ai déjà tous les autres: Daud, qui commande le fort Kanli, Tcherkiess-Mehemet, qui commande celui de Karadagh, Hussein-bey, bref tous, excepté celui-là qui est le plus gros, le plus important."

J'aborde aussitôt Casson, pas à brûle pour-point, mais par un circuit bien masqué. Ainsi après lui avoir parlé d'Hussein-bey et de tel ou tel autre, je lance le commandant en avant. C'est alors que le docteur m'expliqua, comment cet homme avait été l'aide-de-camp du Seraskier Hussein-Avny, qu'il était maladif, qu'il se montrait fort peu en public, qu'il avait établi son quartier-général dans un magasin de provisions, où l'on trouvait habituellement soigneusement entortillé dans ses fourrures, etc. etc.

Or, Casson une fois parti, je n'eus qu'à rapprocher ces données des renseignements que je possédais déjà au sujet de ce commandant, pour acquérir la certitude, que nous avions en face de nous un vaut-rien et un lâche. Nous allons voir comment cette donnée, insignifiante en apparance, m'a suggéré le stratagème, qui a décidé du sort de Kars.

Avant d'en finir avec les Anglais, je dois faire observer que la rédaction du „Temps" de Paris a fait joué librement ses ciseaux, privant ainsi ses lecteurs du plaisir de connaître cet épisode et ses rapports avec la prise de Kars. Pour ces messieurs de la rédaction aucun rapport n'existe entre les causes et les effets, surtout quand il est de leur intérêt de défigurer ou de méconnaître ces derniers. Evidemment la gloire des armes russes doit être soutenue en dépit et malgré la vérité.

PRISE D'HAVIZ — DÉPÊCHE INTERCEPTÉE.

En venant à parler des opérations du siège et notamment des effets du bombardement, il est à remarquer que le jeu de nos batteries était dirigé seulement contre les forts inférieurs et la ville; les autres forts étaient hors de portée, à cause de la distance, ainsi qu'à cause de leur élévation. Le maximum d'intensité du feu fut atteint le 4 novembre. A cette date seize batteries avaient été complétées et soixante-quatre bouches à feu bombardaient la place: le feu commençait regulièrement à huit heures et cessait peu avant le coucher du soleil. Pendant la nuit les assiégés tachaient de réparer les dégats faits la veille. Hussein-bey fit même entreprendre des ouvrages accessoires, en vue de relier le fort Hafiz-Pacha à la ville et au fort Kanli. Par cela on voit que le commandant de l'artillerie prévoyait une attaque général du front nord-est. Il fit là indubitublement son dévoir et avec discernement.

Pour empêcher l'exécution de ces réparations et de ces travaux, nos troupes lançaient des rondes et des découvertes qui tenaient les Turcs constamment en éveil: des attaques et des surprises furent également tentées dans ce but.

Mais voilà que le 4 novembre, vers les neuf heures du soir, trois bataillons turcs (qui constituaient évidemment la dernière reserve) sortirent brusquement de derrière le fort Hafiz-Pacha, repoussant devant eux les nombreux volontaires qui enveloppaient l'ouvrage. Mais ceux-ci ayant dans l'entre-temps reçu des renforts, la sortie se vit repoussée à son tour et dut rebrousser chemin. Par malheur, les Turcs, au lieu d'effectuer leur retraite sur les flancs de l'ouvrage, se dirigèrent droit sur ses issues: les Russes purent ainsi pénétrer dans le fort à la suite des bataillons turcs, en désordre.

Un combat des plus meurtriers s'ensuivit devant la porte même au réduit, qui fut également enlevé. Les pertes du côté des Turcs furent considérables; nombre d'officiers, et entre eux le colonel Charkir-bey, furent tués sur place. Pourtant nos troupes n'osèrent prolonger leur séjour dans le fort, ainsi conquis, au delà de quelques heures. Elles effectuèrent leur retraite, emmenant à leur suite cent soixante prisonniers environ.

Les prisonniers défilèrent devant ma tente dans l'obscurité; c'était environ quatre heures du matin. L'inspection eut lieu à la lumière des torches: de l'interrogatoire, auquel je soumis les quatre ou cinq officiers présents, il en sortit que la garnison du fort Hafiz-Pacha comptait bon nombre de cavaliers démontés, appartenants au régiment de cavalerie de Bagdad.

Ce fait, constaté dans mon rapport, était une donnée précieuse, puisque l'état-major en déduisit que, si les assiégés n'avaient d'autres troupes disponibles pour employer dans la défense d'un point tellement exposé comme celui-là, c'est que la garnison était bien plus faible qu'on ne l'avait supposé jusqu'alors.

Ainsi la prise inattendue de fort Hafiz-Pacha vint révéler toute une situation, ouvrant par cela un nouvel horison aux calculs de notré état-major. L'offensive conclut dès lors l'hardi projet d'essayer sur une grande échelle l'attaque partielle qui avait réussi si inopinément et si brillament. D'ailleurs, la situation critique dans laquelle se trouvaient les corps de Tergoukasoff et de Heimann, plus l'état sanitaire de notre armée demandaient impérieusement que l'on en vint à une solution.

A l'égard de cette dernière considération, il est bon de noter que, sous une température variant entre 15⁰ et 20⁰ centigrade, soixante hommes par régiments étaient versés dans les hôpitaux chaque jour. Ainsi, si l'on n'avait pas essayé l'aussaut, dans la quinzaine on aurait été forcé de lever le siège, faute d'hommes valides ou de combattants. Comme on voit, on avait littéralement la corde au coup.

Arrêtons nous ici un instant, car une considération se présente à notre esprit, par rapport à la défense, qui n'est pas sans avoir son importance. Supposons que le commandant de Kars Hussein-Hamy-Pacha était appeler à donner ses explications au sujet de la prise du fort Hafiz, supposons, en outre, que cet officier, confronté avec son chef immédiat, Muktur-Pacha, se permit de l'haranguer de sa façon:

„Vous m'avez enlévé quatre mille de mes meilleurs soldats: par cela, je me suis trouvé avec des forces tout à fait insuffisantes, et j'ai dû faire garder le fort Hafiz par des cavaliers demontés. Si j'avais eu vos quatre-mille hommes, non seulement le fort aurait été défendu à outrance, mais l'énnemi aurait été repoussé avec des pertes si graves, que jamais l'envie ne lui serait venue d'essayer de nouvelles attaques. Kars donc aurait été sauvée."

Nous ne voyons pas trop, quelle réponse Muktar pourrait faire à une mise en demeure de ce genre. Aussi la cour martiale se serait-elle vue forcée, de décréter, en renvoyant les parties en question, dos à dos. L'histoire ne sera, certes, moins sévère à leur égard.

Avant de donner le récit de l'acte final, du grand drame, il nous faut raconter un charmant petit épisode de guerre, qui se passa quelques jours avant la prise du fort Hafiz. Les cosaques du corps du général Heimann saisirent, près de Keupru-keui (route d'Erzéroum) un paysan, sur lequel on trouva une dépêche de Muktar-Pacha au commandant de Kars. A l'arrivée de cette dépêche, grande fut la joie dans notre camp: mais la joie fit bientôt place à la déception, lorsque les avides lecteurs se trouvèrent face à face avec toute une série de chiffres et d'autres signes cabalistiques.

Loris, sanguin comme il était, battait des mains et des pieds afin de se rendre compte de ce que Muktar avait à dire au pacha de Kars. La fièvre de la curiosité le saisit: sur cela il fallait aussitôt convoquer les orientalistes experts, leur enjoignant de déchiffrer cette dépêche à tout prix. „Si vous ne le faites pas, c'est que vous êtes un tas d'ânes“: — leur dit le vaillant général.

Les savants en question firent aussitôt cercle autour de Loris et se mirent à tourner la dépêche dans tous les sens, comptant et computant chacun à sa façon sur ces chiffres rebelles et silencieux. Après des efforts réitérés, mais vains, le dragoman en chef du Grand-Duc, M. Maximoff, remet la dépêche sur la table, se déclarant incompétent de la déchiffrer; puis il ajoute:

„Nous savons lire le turc, l'arabe, le persan, etc.; mais à l'école orientale de Pétersbourg on ne nous a pas appris à déchiffrer des dépêches comme cela. S'il y a un qui puisse la lire, c'est Osman-bey: il doit, sans doute, posséder la clef de l'état-major turc.“

Loris fait un saut; l'idée était lumineuse et il n'y avait qu'à l'essayer. Sur cela mon cosaque apparait et me dit que le général me demandait. En entrant dans la tente du général, celui-ci vient à ma rencontre, la dépêche à la main, et m'apostropha ainsi, brûle pour point:

„Il faut que vous lisiez cette dépêche, autrement je vous fais fusiller!"

„Général", repliquais-je, „s'il s'agit de la peau, je ferai de mon mieux; mais je ne réponds de rien."

Loris engage sur cela Maximoff et le consul Obermüller [1]) à me prendre avec eux et à collaborrer à l'explication de la dépêche énigmatique. C'est chez le grand interprète donc que nous nous réunimes et que nous nous mimes à travailler. Cela ce passait vers les dix heures du soir.

N'oublions pas de dire, qu'au moment où je sortais, Loris me donna cet ordre:

„A peine que vouz aurez déchiffré la dépêche, venez, entrez dans la tente et reveillez-moi à n'importe quelle heure, fut-ce à deux ou trois heures de la nuit."

Quelle impatience, n'est-ce pas? Pourtant il y avait bien de quoi être impatient. Une dépêche, toute fraiche, général ennemi, n'est point une bagatelle!

---

[1]) M. Obermüller, consul de Russie à Erzéroum se trouvait au camp afin de nous éclairer de sa science orientale.

Scène dans la tente du „Gospodina“ (monsieur) Maximoff, premier Dragoman de S. A. I. le Grand-Duc, etc., etc., etc.

Maximoff, en vrai russe, allonge ses jambes sur son lit de camp, tient d'une main son éternelle cigarette et de l'autre son inépuisable verre de thé. La dépêche ayant été reconnue inlisible, le dragoman n'y regarde même pas. „A quoi bon“, se disait-il, tout en fumant.

Obermüller, entêté comme un Allemand, ne voulait pas lâcher prise: il se tenait debout derrière moi, se donnant l'air d'y comprendre quelque chose. Cet empressement servait à cacher, la ruse de l'Allemand-croisé-Russe: en effet, le consul se réservait de réclamer, à la suite, une bonne part du mérite.

Moi, de mon côté, je tenais mes yeux fixés sur la dépêche et je ne m'en occupais que contre-cœur, vu qu'il me semblait impossible de rien y comprendre. Mais voilà que tout à coup un trait de lumière pénétra dans ma cervelle: et voici comment. La dépêche était partie en chiffres, partie en écriture ordinaire; or, j'observais, que d'après le sens, les premiers cinq chiffres qui suivaient la phrase écrite, ne pouvait signifier autre chose que le mot, *olur* (soit). Ces cinq lettres me suffirent pour déchiffrer toute la dépêche.

La dépêche expliquait, comment le général ottoman, effectuerait sa jonction avec les troupes qui battaient en retraite de Beyazid, comment il livrerait bataille à en avant d'Erzéroum: en plus, il exhortait, Hussein-Hamy à tenir bon et à lui expédier tout ce qu'il lui restait de cavalerie.

A fur et à mésure que la dépêche voyait la lumière, Obermüller battait des pieds et s'agitait comme un fou; Maximoff, lui, semblait revenu de sa torpeur narcotique; il dressa le cou et ouvrit les yeux: à la conclusion de la dépêche, tous firent un saut, en entonnant leur hourra de rigueur.

Nous courûmes de suite chez Loris, nous le secouâmes, ainsi qu'il l'avait désiré. Mais ici la scène changea d'une façon tout aussi inattendue qu'étrange. Mois je m'attendais d'être embrassé de celui qui m'avait promis une fusillade, toute chaude. Qu'est ce que je vois?

Loris se lève, me tourne poliment le dos et adresse ses félicitations à ces deux ânes, qui n'avaient rien fait au tout! Cela depeint bien l'Arménien rusé qui cherche à plaire aux Russes, pour pouvoir mieux leur sauter sur le cou après. Ces deux messieurs étaient des *tchinovnik* *); moi, je n'étais rien du tout. Je dois dire cependant que je ne fis le moindre cas de cet affront: car le but que je poursuivais etait tout autre, que celui de gens de la trempe de Maximoff, d'Obermüller et de Loris. Sans me fâcher donc je les laissa ramasser les miettes qui tombaient au dessous de ma table.

---

*) Employé du gouvernement.

PRÉPARATIFS POUR L'ASSAUT.

Il a été dit que le succés, remporté à Hafiz, dans la nuit du 4 au 5 novembre, décida l'état-major russe à livrer l'assaut à la faveur de l'obscurité. Le plan était audacieux, c'est vrai, mais en cela on obéissait, quand même, à une nécessité inéluctable en autres mots, il n'y avait pas à reculer; il fallait sauter.

Au milieu de ces graves circonstances nos chefs firent preuve de beaucoup de tact et de prévoyance car toutes les précautions furent prises en vue d'assurer la réussite de ce plan hardi. La première chose qu'on fit, ce fut de transférer le quartier général à Veran-kalé, petit hameau situé à six kilomètres plus près de Kars. Comme de raison, sur tous les points le cordon d'investissement se resserra de manière à fermer toutes les issues aux assiégés.

Pour faciliter la réussite d'une pareille entreprise, il fallait avant tout tâcher de tromper l'ennemi de façon à lui cacher deux choses: d'abord le vrai point d'attaque, ensuite le moment qu'on avait choisi pour livrer l'aussaut. Le général Loris-Melikoff se chargea de donner le change aux Turcs, de manière à attirer leur attention sur un autre point que celui d'où devait venir l'attaque.

Dans ce but, le 13 novembre il fit opérer une démonstration du côté de Semavat, à l'ouest de Kars: des officiers d'état-major se rendirent dans cette localité et là ils firent avec ostentation des préparatifs pour la réception du quartier-général. Les villageois et les espions coururent, comme de raison, informer le pacha de ce que se passait de ce côté; et celui-ci tomba dans le piège d'autant plus facilement, que la localité en question avait déjà servi de quartier-général à Muravieff lors de son attaque sur Tahmass.

Le brave Lazareff, le bon enfant par excellence, tint à cœur, lui aussi, de jouer un petit truc à sa façon, afin de mystifier le commandant de Kars par rapport au jour de l'attaque. Le général etait en rélation avec un espion turc de mauvais aloi, c'est à dire, qui jouait double jeu. Lazareff le fit venir, et d'un ton franc et confidentiel lui parla ainsi:

„Vois-tu, c'est toi qui peux faire ma fortune: et si tu fais ma fortune, sois sûr que je ferai la tienne aussi ... Le 20 de ce mois, c'est l'anniversaire du jour de naissance du Grand-Duc; ce jour là, il faut à tout prix que je lui donne Kars en cadeau et alors notre fortune est faite. Va, dépêches-toi et fait ce qu'il faut pour nous faire entrer.“

L'espion part et s'en va raconter le tout à Hussein-Hamy, qui n'hésite pas à ajouter foi à ce récit, car le pacha n'ignorait pas que c'est un usage reçu parmi les Européens de célébrer les anniversaires par quelque action d'éclat.

L'exécution d'un stratagème d'un autre genre nous revint. Ce stratagème visait à assurer la réussite de l'attaque, en mettant en fuite le pacha et, avec lui, la garnison. Vu l'importance et la délicatesse du sujet, je crois de mon devoir de donner l'assurance au lecteur, que je n'avancerai rien qui ne soit en tout et pour tout conforme à la verité. Or, voici comment les choses se passèrent.

C'était le 14 novembre, justement le moment où l'état-major se préoccupait des préparatifs de l'assaut, et où une certaine indécision se manifestait dans les hautes sphères du commandement: ce jour là, dis-je, l'idée me vint d'aller prendre un verre de thé chez Maximoff, l'interprète du Grand-Duc, que mes lecteurs connaissent déjà. La conversation s'étant engagée, Maximoff m'interpella de la façon suivante, avec plus d'aplomb et d'animation qu'il n'y mettait généralement dans ses entretiens:

„Votre ami, le colonel d'artillerie Hussein-bey, ne vous a-t-il pas donné signe de vie? . . . Ne vous a-t-il pas écrit?“

„Non“, répondis-je, „Hussein-bey ne m'a écrit qu'une fois et sa lettre avait un caractère purement privée, des compliments, voilà tout.“

„Ah!" ajoute sur cela Maximoff, „si lui et le pacha tombent entre nos mains, ils passeront un mauvais quart d'heure. . . . Nos soldats sont furieux contre eux et d'après ce que j'ai entendu, si on les attrape, on les passera par les armes."

Après une courte pause, l'interprète ajouta:

„Voila une belle occasion pour vous! . . . Si vous pouviez nous faire prendre Kars, vous auriez votre avenir assuré; vous auriez et votre héritage[1]) et tout ce que vous pourriez désirer."

Je le laissai parler et j'écoutai ce beau discours, étalé devant moi à dessein, sans proférer mot; puis je me levai et retournai dans ma tente. Mais une fois seul, les propos de l'interprète du Grand-Duc. commencèrent à m'agiter l'esprit. Ce n'est pas que ses belles promesses m'aient séduit. Homme d'action, ayant une idée, je ne pouvais que difficilement me résigner à voir la guerre se clore, sans que j'aie contirbué à la victoire par quelque service signalé: sans que j'aie pu dire à mes ennemis: „Eh bien; vous voilà sous mes pieds!" Après avoir lutté tant d'années, m'en retourner sans avoir eut ma revanche, c'était impossible: la mort aurait été mieux qu'un pareil dénoument.

Aiguillonné par de telles réflexions, je me mis aussitôt à étudier le problême, tel qu'il se présentait en ce moment: cela donna lieu au monologue que voici:

---

[1]) Maximoff faisant ici allusion à mon héritage et à celui de ma sœur, dont il avait été souvent question.

„Que pourrai-je faire dans la circonstance actuelle? Puis, j'ajoutai: Pour quelle raison Hussein-bey ne m'écrit et ne se décide à entâmer des négociations. Soit lui, soit le Pacha voudraient bien se rendre, car la place ne peut plus tenir longtemps. Si ce n'était la peur d'être traduit devant un conseil de guerre, à Constantinople, Hussein-Hamy se serait déjà décidé à capituler: ce n'est que cette peur qui le retient. Or, si c'est la peur qui agit sur lui, il n'y a", dis-je, „qu'à l'effrayer par quelque chose de plus immédiat, de plus terrible et le pacha est sûr de lâcher pied."

Ce que vint à confirmer cette déduction sur l'état d'esprit du commandant de la place, ce sont les propos que me tint le docteur Casson à son égard. Comme mes lecteurs se souviennent, sans doute, Casson m'avait dépeint le pacha comme faisant le malade et se tenant enfermé dans le dépôt à provisions. Or, cette esquisse du fier commandant s'accordait parfaitement avec les renseignements, que nous puisions de sources secrètes: d'après ces rapports, en effet, Hussein-Hamy-Pacha était une âme féroce, qui essayait de se cramponner à Kars par le terrorisme.

Voici en quelques mots quel était le plan de défense que ce fou à lier, remuait dans sa cervelle.

„Kars", se disait-il, „est imprénable par la force: mon chemin donc est tout tracé; que

Hussein-bey tâche de tenir l'ennemi loin; moi je me charge de contenir la population de la garnison. Malheur à qui bouge! De cette façon, comme nous avons de quoi manger pour des années, nous tiendrons bon jusqu'à ce que les Russes, perdant patience, s'en aillent. Au pis aller, je pourrai toujours m'échapper par le porte de la capitulation, et aux termes les plus avantageux."

Pour mettre en exécution la part qui lui revenait dans ce joli plan défense, Hussein-Hamy inaugura dans Kars la politique des atrocités; et cela tout à son aise, sans sortir de son dépôt, et sans quitter un instant sa chaude et riche fourrure. Ce terrorisme l'exerçait par l'entremise de ses ordonnances et d'autres agents de confiance, chargés de fréquenter le marché, les cafés — et autres lieux publics. Sur les dénonciations de ces espions, on a été pris par le collet, jugé à huis-clos par le pacha lui-même. La personne ainsi accusée de connivence avec l'ennemi, ou de rébellion, avait le choix entre la corde ou un pic-tête du haut de la citadelle en bas.

Si l'on devait ajouter foi aux on-dits des habitants, le nombre des victimes ainsi exécutées dépasse les soixante: si l'on s'arrête au quart seulement, c'est déjà horrible. Parmi les victimes on cite un brave et honnête négociant musulman, dans la cinquantaine: celui-là, certes, n'a jamais eu de rélations avec les Russes.

10*

Avais-je raison, ou non, en plaçant de suite, comme je fis, le commandant de Kars dans la catégorie des lâches, qu'il faut traiter sommairement. Certes non, vu que c'est un fait reconnu par la psychologie, que les gens sanguinaires sont généralement lâches. Ce qui distingue l'homme vaillant du lâche le voici: l'homme courageux, de cœur, est prêt à risquer sa vie pour sauver celle de ses semblables: le lâche, lui, tâche de sauver sa peau en sacrifiant les autres. Hussein-Hamy était de cette trempe.

Aussi, Dieu sait quel rôle infâme n'a-t-il joué lorsque, pour plaire à son chef, il a tenu main à l'assaut livré au palais, lorsqu'à Ferié-kiosque on a assommé le malheureux Abd-ul-Aziz! Mais la vengeance divine atteint tôt ou tard les criminels: c'est à Kars que l'aide de camp d'Hussein-Avny la paiera pour ses propres crimes et pour ceux de son chef!

La conclusion à laquelle j'aboutis grâce à ces raisonnements, à ce travail laborieux de l'esprit, ce fut que j'avais devant moi un lâche, qu'il fallait faire sortir de sa tannière, d'où il semblait vouloir nous braver. Au moment où je tâchai d'inventer quelque expédient propre à atteindre ce but, un épisode, tiré des guerres de Murad II., vint inopinément à mon esprit.

Le faux-Mustapha, prétendant au trône, avançait sur Brousse à la tête d'une armée, recrutée principalement dans la Turquie d'Europe. Sultan Murad, aux abois, ne savait que faire. Dans le conseil de guerre qui eut lieu, on mit l'opinion qu'il n'y avait qu'un moyen afin de mettre le désordre dans l'armée ennemie: c'était d'employer un certain Mihal-zadé Mehemet-bey, bien connu parmi les rebelles, afin de détacher ceux-ci de la cause du prétendant, soit par la persuasion, soit par des ménaces.

Mehemet-bey se mit sur cela à l'œuvre et pendant que les deux armées campaient face à face, il eut tout le loisir de lier des rélations avec les chefs de l'armée ennemie. Mais voici, comment il s'y prit pour leur donner le coup de massue, à la veille de la bataille décisive. Il leur adressa des lettres comminatoires, mais en ayant soin de croiser les adresses, de façon que Hussein, reçut la missive adressée à Hassan et Hassan reçut celle adressée à un autre.

L'agitation et le désordre fut au comble dans l'armée du prétendant, chacun commença à se méfier de ses collègues et camarades, tous se refroidirent de la cause qu'ils défendaient, bref le jour de la bataille le prétendant voit ses meilleurs partisans l'abandonner et Murad remporta la victoire sans trop de peine.

L'exemple et là, me dis-je, il n'y a qu'à le suivre: Hussein-Hamy prendra la fuite et Kars est à nous! L'arme m'avait été déjà fournie par Maximoff, lorsqu'il me disait: „Ces soldats sont si furieux, qu'ils les passeront par les armes." Il ne me restait donc qu'à formuler la menace par écrit et le coup était monté. Que l'on remarque que j'eus soin de ne pas adresser ma lettre au pacha, vu que le piège aurait été trop visible: en l'adressant à mon ami, ma démarche semblait tous naturelle et son effet sur le commandant n'en serait que plus terrible.

Voici la traduction de cette lettre qui a décidé du sort de Kars et nous pourrons même dire du sort de la guerre.

„Mon frère,

Nous nous sommes donné la parole de nous sauvegarder et de nous protéger mutuellement. C'est pour cette raison que je dois vous transmettre les nouvelles que voici:

D'abord le fort Azizié, à Erzéroum, à été pris et nos attaques se dirigent maintenant contre le fort Medjidié. Ensuite, ici nous nous rapprochons aussi d'un dénoument, et, d'après ce que j'ai entendu, l'ordre a été donné aux troupes, qu'au cas où Hussein-Pacha, vous et quelques uns encore parmi les chefs tomberaient entre leurs mains, on les passe immédiatement par les armes. Nos chefs sont très exaspérés contre vous: ça va s'en dire que les soldats et les habitants seront épargnés.

Hussein - Hami - Pacha croit, sans doute, qu'il n'a qu'à hisser le drapeau blanc quand bon lui semblera et qu'alors on l'enverra en Russie avec tous les honneurs et tous les égards voulus. Il se trompe grandement: Hussein-Pacha sera traité d'une manière bien différente; et cela pour que son sort serve d'exemple aux autres. C'est dans votre intérêt donc que je vous avertis; vous avez fait tout ce que votre honneur exigeait: si dans deux ou trois jours vous ne vous rendez pas, tant pis pour vous. Quant à moi, je crois m'être acquitté de mon dévoir envers un frère; aussi je conclus en vous envoyant mes salutations."

Le Major Osman-Bey.

Devant Kars, le 3/15 novembre 1877.

Avec cette lettre à la main, je me présente aussitôt à Loris-Melikoff, et, en quelques mots, je lui fis part de mon projet. Le général comprit immédiatement la portée du coup que je méditais, mais avant de me donner son autorisation, il jugea à propos de se faire lire la lettre par un tiers, par l'interprète Maximoff, bien entendu.

La réponse ne se fit pas attendre: deux heures après Loris-Melikoff m'appela:

„Changez", me dit-il, „cette phrase qui peut faire comprendre le jour de l'attaque (si dans deux ou trois jours); le reste va bien: cherchez quelqu'un et envoyez tout de suite la lettre. Kischmiskoff paiera tout ce qu'il faut.

Je cours aussitôt chez le colonel Kischinischoff,

chef de la partie secrète et qui avait la fine crême des espions à sa disposition: je lui communique l'ordre du général et j'insiste pour qu'il me trouve quelqu'un pour porter la lettre à Kars. Kischmischoff, embarassé, me répond par ces quelques mots:

„Trouvez-vous quelqu'un et moi, je paierai ce qu'il faut . . . . mille deux mille et même plus."

Si Kischmischoff, me dis-je, ne peut trouver personne, que, diable, trouverai-je, moi?

Plus je rencontre d'obstacles, de difficultés, et plus je m'entête: c'est dans ma nature. Aussi l'encartade de ce drôle eut-elle pour effet de me faire redoubler d'efforts. — „Tant mieux", dis-je, „je ferai tout moi-même, et l'on verra."

Je me décidai, sur le champ, d'aller à la recherche de quelque paysan musulman et d'essayer, si, moyennant une forte somme, il ne se chargerait de ma commission. Je parcourus deux villages, je m'adressai à plusieurs individus, mais en vain; j'ai eu beau offrir deux, trois et même quatre mille roubles, chacun hausse les épaules et refusa l'office. Le pendeur Hussein avait, comme on voit, effrayé tout le monde.

Je désespérai déjà du succès de ma tentative, quand l'idée me vint d'aller me reposer, tout en prenant une tasse de café en compagnie des prisonniers turcs que le général Heimann nous avait expédiés d'Erzéroum la veille. Pendant que je m'entretenais avec eux, je remarquai un gros et beau

garçon de seize à dix-sept ans, qui attirait l'œil
par ses manières hardies et les efforts qu'il faisait
afin de se rendre utile: il endossait une sorte d'uniforme d'écolier. Piqué pour la curiosité et ne pouvant pas m'expliquer sa présence parmi les combattants, je me mis à interroger ainsi le jeune homme:

„Comment t'appeles-tu?"

„Riza", repondit-il

„Comment se fait-il que tu sois parmi les prisonniers?"

„On se battait à Dévé-boinou (près à Erzéroum);
reprit le garçon; la curiosité m'a poussé à quitter
l'école pour voir ce que se passait par là; mais
pendant que je regardais, voilà que, tout à coup, des
cosaques nous entourent et nous font prisonniers.

„Est-ce tu n'a personne, des parents, des sœurs
et des frères?" dis-je.

„Oui", si fait, repondit Riza, ma mère est à Erzéroum et je l'ai laissée à la maison; mon père est
à Kars.

„A Kars!" m'écriai-je.

„Oui, mon père commande le fort de Tahmass;
il est major d'artillerie et il se nomme Hadji-Omer-
Agha."

En attendant ces mots je me lève, je tire de
côté le jeune Riza et lui parle ainsi:

„Ecoutes! je veux t'envoyer à Kars auprès de mon
ami le colonel d'artillerie que tu connais; tu lui re-
mettra la lettre que voici; comme tu es un homme

de bonne volonté et pas un espion, je n'ose d'offrir rien à titre de récompense, bakschisch; la seule chose que je peux te promettre c'est, que, si nous entrons à Kars, tu ne seras pas envoyé en Russie comme prisonnier."

Riza accepte sur le champ mon offre; aussi me rendis-je de suite auprès du général, pour lui faire part de ce que venait de se passer, c'est à dire de la trouvaille que je venais de faire.

Loris en fut ravi:

„Amenez-moi tout de suite", me dit-il, „ce garçon; il faut que je le voie."

Quelques instants après, Riza et moi nous fûmes en présence du général; celui-ci posa plusieurs questions au jeune turc, qui répondit avec un tel aplomb que Loris en resta ébahi. Ici une scène palpitante s'ensuivit: [1]

Encouragé par les allures dégagées de Riza, Loris s'hasarda à faire un pas en avant, afin d'élargir la brèche et s'assurer d'un avantage en plus de la mission dont le jeune homme allait se charger. En faisant dont les yeux doux et la bouche mielleuse, le général entame ainsi le sujet:

„Ton père est à Tahmass (la clef de Kars) ne pourrais-tu pas lui dire que je tiens beaucoup à lui parler?"

---

[1] Cette scène avait été omise dans l'article que nous avons donné au „Temps", vu que ce journal ne l'aurait, certes, pas insérée.

A peine avait-il achevé cette phrase, que Riza se cabre et plein d'indignation, répond ainsi au général:

„Pour qui est-ce que vous me prenez? . . . . Je ne suis ni un éspion, ni un traitre! . . . Je n'irai plus à Kars."

Sur cela Riza tourne le dos au général et sort brusquement de la tente.

La tente s'enfonça sur nos têtes! Il fallait voir la mine que fit Loris en cet instant: jamais elle ne s'éffacera de mon souvenir! Ce général chamarré et galonné; ce Loris, si hardi et si présomtueux, s'affaisa sous le poids de sa honte, sous les reproches de sa propre conscience: pendant quelques minutes il eut la respiration arrêtée, il semblait souffoquer. Cette scène représentait bien le triomphe de l'innocence de la vertu, sur l'intrigue et l'infamie!

Moi, je fus confus à mon tour: je ne pus pourtant m'empêcher d'adresser des reproches au général:

„Il ne s'est jamais agit d'employer ce garçon comme espion: il devait tout simplement porter ma lettre à Kars: à présent tout est gâté."

En disant cela, je souhaite le bon soir à Loris et je m'en vais me coucher.

Mais voici que de grand matin mon ordonnance vient me secouer, m'annonçaut qu'un jeune turc attendait dehors et tenait à me parler.

C'était Riza, qui, en entrant me dit qu'il avait changé d'avis et qu'il était prèt à aller à Kars et à remplir ma commission. Il ne proféra pas même le nom de Loris.

D'où provenait ce changement brusque, cette décision subite? C'est ce que je vais expliquer.

En sortant de chez Loris, Riza s'en retourna auprès de ses camarades, à qui il raconta ce que venait de se passer. Kurd Suleiman-bey et les autres firent, sur cela, des reproches au jeune homme lui faisant voir qu'il avait tort de ne pas se charger d'une mission qui n'entrainait aucune responsabilité. Pour l'encourager dans cette voie, ses camarades se mirent aussitôt à écrire des lettres à l'adresse de leurs amis qui se trouvaient dans la place et confièrent ces lettres à Riza.

En effet, en me disant qu'il était prêt à partir, Riza me montra les lettre en question, aux quelles je ne pus faire aucune objection. Au contraire, j'en fus même enchanté, puisqu'elles servaient admirablement à donner le change à Hussein-Hamy qui, en trouvant ma lettre au milieu d'un tas d'autres, ne pouvait se douter de rien. Le piège, était ainsi mieux caché et sa réussite devenait, par cela même, plus sûre.

Ainsi tout semblait concourir à la réalisation d'un plan, dirigé ostensiblement par une volonté invisible. Qu'on nie après cela la fatalité!

Loris, informé de l'affaire, donna l'ordre au colonel Artitchewsky, commandant du camp, de former une escorte de cosaques avec drapeau parlementaire et de faire conduire notre envoyé jusqu'au premier poste ennemi. Riza quitta notre camp le 16 novembre, à quatre heures de l'après-midi.

En entrant à Kars, Riza fut conduit devant Hussein-Hamy-Pacha qui le fit fouiller, comme c'est l'habitude en pareils cas, et saisit les lettres dont il était porteur. Le pacha trouva une dizaine de lettres que les prisonniers compagnons de Riza lui avaient confiées; au milieu de ces lettres il voit aussi la mienne à l'adresse du colonel d'artillerie. Il l'ouvre en toute hâte, en voit la signature et lit le contenu. Aussitôt, avec ce sang-froid féroce qui le distingue, Hussein-Hamy ordonne que le garçon soit pendu.

Cet ordre est communiqué au colonel d'artillerie, qui, revolté le rejette, disant qu'il n'est pas un bourreau. Exaspéré par ce refus d'Hussein-bey, le pacha charge un major d'infanterie de l'exécution. Le malheureux Riza fut pendu le 5/17 novembre à quatre heures de l'après-midi; le 18. à quatre heures son corps fut détaché de la potence; à huit heures nous donnions l'assaut.

RÉFLEXIONS.

La fin tragique de l'innocent Riza restera un des plus tristes souvenirs de ma carrière; et cela en raison des reproches que l'on pourrait me faire de ce chef. Pourtant les considérations suivantes plaident en ma décharge: premièrement l'envoie de Riza comme simple courrier, sous la protection du drapeau parlementaire, me paraissait le mettre entièrement à couvert: puis, il m'était permis de compter sur l'influence et l'autorité du commandant en second, ainsi que sur la présence du père du malheureux garçon; enfin, en dehors de toutes ces garanties, jamais je n'aurais supposé que même un Hussein-Hamy n'ait eu quelque étincelle de pitié dans son cœur. D'ailleurs, les camarades de Riza étaient du même avis que moi; autrement ils ne lui auraient, certes, pas conseillé de partir.

Du sentiment passons aux réflexions pratiques et cherchont de nous rendre compte de l'influence qu'a eu l'assassinat de Riza sur le dernier acte du drame, sur l'assaut.

CONTROVERSE.

***

Ici une contreverse se présente: tandis que nous soutenons que l'envoie de notre lettre, suivi du meurtre de Riza, constitue la cause déterminative de la fuite du commandant de Kars, d'autres font l'oreille sourde à cet égard, ou bien le contestent tout simplement. De ce nombre est le capitaine du génie français, M. J. Bornecque, qui a publié une étude sur ce sujet, intitulée: „La prise d'assaut de Kars." Paris 1880.

Dans son étude, le dit écrivain militaire, non seulement nous fait l'honneur de dédier une huitaine de pages à notre récit sur la prise de Kars, mais il nous rend justice, en disant; 1º que notre version n'est pas trop invraisemblable et, dans tous les cas, n'est pas en contradiction avec l'ensemble des faits: 2º que notre récit n'a pas été contredit par les intéressés.

Nous sommes flattés par la mention honorable que M. Bornecque a bien voulu nous accorder de même, que nous prenons volontiers acte du silence des intéressés, que le dit écrivain ne se gêne guère à constater. Là pourtant s'arrêtent nos obligations envers lui: par contre, il est de notre devoir de prendre à partie M. Bornecque, en exigeant de lui une réponse aux questions suivantes:

Pourquoi a-t-il jugé à propos de mettre en doute finement l'envoie de ma lettre à Kars tout en contestant les conséquences qu'elle a eu?

Voici bientôt onze ans qui se sont écoulés depuis la prise de Kars, et, de l'aveu même de cet écrivain, les intéressés n'ont soufflé mot, n'ont-pas osé nous donner le démenti, ni par rapport à notre lettre, ni par rapport à ces conséquences indéniables!

Serait-ce, par hasard, M. le capitaine J. Bornecque qui a été chargé de se faire le porte-voix des Loris, des Maximoff, des Artichewsky, et de ceux, c'est à dire, qui ont lu la lettre, qui ont vu Riza et qui l'on expédié à Kars. Le faux-témoignage, par procuration, est assez originale: n'osant pas nier un fait, franchement et en soldat, ils poussent en avant un tiers, soi-disant, impartial, qui se charge de tout nier, sans en avoir l'air.

Mais l'endroit où le parti-pris saute aux yeux, devient indéniable, c'est là où l'écrivain sumentionné juge à propos de biffer d'un trait de sa plume le drame du malheureux Riza. Le nom même de Riza a été supprimé dans cette brochure, qui à la prétension d'être une savante critique sur l'article publié par le „Temps". Et pourtant le meurtre de Riza par Hussein-Hamy, survenu quelques heures avant l'assaut, méritait bien d'être pris en considération, d'être mentionné, tout au moins! Ce silence, cette supercherie, s'explique facilement.

En mettant en doute l'envoi de notre lettre à Kars; en contestant les conséquences toutes-naturelles de ce stratagème; en ne faisant point paraître, ni Riza, ni sa potence, on réduit au néant nos prétentions d'avoir pris Kars. Dès lors les lauriers se posent, d'eux-mêmes, tout-purs et étincelants sur le front des héros russes, les bons amis du capitaine français, M. J. Bornecque. Voilà l'énigme expliqué!

C'est à regretter, vraiment, que des gens qui passent pour savants, qui portent, en outre, les épaulettes, se permettent de pousser la courtoisie et la partialité jusqu'au point de sacrifier délibériment la vérité et de fausser l'histoire.

Rien de plus facile, pourtant, que de réfuter toutes ces arguties, tous ces démentis qui visent à atteindre nos droits par rapport à la prise de Kars. Nous sommes prêts à admettre que notre lettre, à elle seule, n'était pas de force à contraindre le pacha à prendre la fuite: cependant l'assassinat qu'elle motiva ne laissa guère d'autre alternative au féroce assassin. Et en voici les raisons:

Avant le meurtre de Riza, Hussein-Hamy-Pacha n'était nullement justiciable vis-à-vis d'une cour-martiale russe: il pouvait donc dormir tout tranquillement sur les vingt ou trente crimes qu'il portait sur sa conscience. Mais le dernier, commis, dans un accès du fureur, venait de le rendre, bel et bien, justiciable devant les autorités militaires russes. Riza était-il sous la protection du drapeau parlementaire russe, oui ou non? Oui. Le commandant de Kars avait, certes, le droit de lui refuser l'entrée: mais une fois qu'il l'avait accepté, il était tenu à le regarder comme inviolable.

L'exécution de Riza rentre donc dans la catégorie des crimes du droit commun, aggravé, en plus, de l'outrage fait aux usages de la guerre, et tombait, par conséquent, sous le coup de la loi martiale russe, la partie offensée. Fin, comme il était, le pacha ne se trompa guère au sujet de l'issue qui l'attendait: de là, et rien que de là, sa fuite affollée et honteuse. D'ailleurs, en dehors de la cour martiale, il y avait quelqu'un qui était prêt à lui demander raison pour le meurtre de son envoyé. Hussein me connaissait de réputation: cela lui suffisait.

L'ASSAUT 18—19 NOVEMBRE.

Je dois dire tout de suite que mon récit est puisé des sources que voici: 1⁰ ce que j'ai vu de mes yeux et entendu de mes oreilles sur le champ de bataille; 2⁰ ce que m'a raconté à la suite le général Lazareff, le meilleur des témoins: 3⁰ les renseignements supplémentaires que m'ont fournis les prisonniers; renseignements dont j'avais, pour ainsi dire, le monopole.

Le général Lazareff commandait l'attaque; Loris Melikoff, qui se tenait avec son état-major quatre-cents mètres, environ, en avant du village de Kara-djoran, dirigeait l'ensemble des opérations; le Grand-Duc et son état-major se trouvaient à la hauteur du pont de Tchivi - kaïa, pour mieux suivre les progrès de l'attaque.

A huit heures et quelque chose (ce quelque chose a sa signification ici), les colonnes d'attaque se mirent en marche. Lazareff cria à un des aides de camp de Loris: „Les troupes marchent et ne reculent pas."

11*

(Explication de Lazareff). „J'étais embâté avec tous ces ordres et contre-ordres."

Donc, dans les deux états-majors on hésitait, ce qui revient à — on avait peur et grande peur.

Dailleurs, ce sentiment était presque général; on marchait avec la certitude qu'on allait être brossé, mais joliment.

Voyons maintenant, comment on marchait et dans quel ordre; en d'autres termes, quels étaient les dispositifs de l'attaque.

On organisa 7 colonnes, dont 5 devaient livré l'assaut; tandis que les deux autres les aidéraient par des démonstrations, énumerons ici ces colonnes.

1re colonne (commençant par la gauche), Komaroff — objectif fort Tchim.

2me colonne, colonel prince Melikoff — objectif fort Tschim.

3me et le 4me colonnes, général Grabbe — objectif fort Kanli.

5me colonne, géneral Alchasoff — objectifs, Hafiz et Karadagh.

6me colonne, démonstration au nord-ouest.

7me colonne, démonstration au nord-est.

Le total des forces ainsi engagées s'élévait à 34 bataillons et 88 bouches à feu.

55 escadrons observaient les routes Kars-Erzéroum, Samovat-Erzéroum, Samovat-Ardahan: charge dont ils se sont piteusement acquittés, comme l'on verra.

Tous ce dispositifs une fois arrêtés, on se mit en marche entre les huit et neuf heures au milieu d'une obscurité complète, vu que la lune ne se dressa sur l'horizon que vers les dix heures.

Les démonstrations, comme de raison, commencèrent les premières; attirant ainsi l'attention de l'ennemie sur l'extrême droite, sur l'extrême gauche et sur les derrières. Tout cela réussit à merveille, vu que Hussein-Hamy ne s'attendait nullement à une attaque immédiate. Pourtant, à son insu, à neuf heures et demie, les colonnes d'attaque du front sud-est s'approchaient des ouvrages et essayaient le feu des avant-postes turcs.

Puis survint une accalmie, dont nous avions de la peine à nous expliquer: mais vingt minutes après, le feu devient général sur tous les points, et surtout du côté de Suvary. A dix heures et demie les hourras retentissent dans l'air et nous annoncent la prise du fort Suvari par la colonne du prince Melikoff.

Mais, là s'arrêtèrent les succès des deux colonnes Melikoff et Komaroff, qui devaient se donner la main et attaquer simultanément le fort Tschim. Le général Kameroff, s'est distingué par son inaction, compromettant ainsi la réussite du plan de Loris Melikoff, dont l'objectif tactique était l'occupation du fort Tchim. C'est par là que le général comptait couper l'eau aux garnisons des forts supérieurs; est ce point n'a pu être enlevé.

Si Kars a été pris; il n'a pas été pris donc par le plan adopté par l'état-major russe. Après notre entrée à Kars, on n'a plus parlé de ce plan, on a pretendu même qu'il n'a jamais existé. Comment explique-t-on alors ce fait, que durant l'attaque le lorgnon de Loris (et les nôtres par conséquent) étaient braqués surtout vers ce point, dont l'acquisition semblait indispensable au général?

Quoiqu'il en soit, l'essentiel est qu'à dix heures et demie nous avions un point de gagné, le fort Suvary.

Le fort Kanli a resisté plus longtemps; l'attaque sur ce point commença, vers les dix heures vers une heure. Trois heures de lutte, c'est déjà beaucoup: mais les récits de source russe prétendent que la lutte devant et dans l'intérieur de Kanli à duré six heures, puisqu'ils fixent la reddition du commandant Daud-Pacha à quatre heures du matin. Cela n'est point exact, vu que vers minuit nous expédiâmes des renforts sur ce point: peu après le départ des renforts, on vint notifier à Loris que Daud-Pacha était prêt à se rendre, si on lui accordait peau et valise sauves. Sur cela, entre minuit et une heure on expédia à Kanli un Arménien, du regiment d'Alexandropol, pour retirer Daud du réduit et le présenter au Grand-Duc.

Daud-Pacha avait été avec nous à l'état-major, il passa ensuite sur un régiment de cavalerie de l'armée de Bagdad: l'avoine et le fumier de ses

chevaux lui permirent de remplir sa valise; elle contenait cinq mille livres. Ce vieux *kakatu* (il avait
soixante-cinq ans sonnés) ne s'est point battu: on
a su en faire, pourtant, un lion terrassé par des
lions plus héroïques encore. Voilà comment on
écrit l'histoire moderne.

Deux choses sont hors de doute: d'abord, la
résistence offerte par les Turcs n'a point été aussi
acharnée que l'on prétend; ensuite, que l'assant
manquait de vigueur. La mort héroïque de Grabbe
est la meilleur preuve de ce que nous avançons à
cet égard. Sait-on, comment est mort ce général?
En s'élançant sur le parapet et en criant de toute
la force de ses poumons:

„Je ne veux plus commander des lâches!"

Les rapports confectionnés à l'état-major se sont
bien gardés d'enregistrer cette phrase, qui révèle
une bien triste situation. Mais, Lazareff, qui n'était
point un confiseur, nous l'a répétée textuellement. Le
fort Hafiz n'a offert point de résistance; et il ne
pouvait en offrir, vu que l'artillerie en avait fait
table-rase. Sur cela, aussi on, a fait un petit tableau,
style Verestchagine. Voici comment les faits se sont
passés à la prise d'Hafiz et Karadagh, dont l'exécution revint à la 5me colonne, commandée par le
général Alchasoff, ayant sous ses ordres le colonel
Fédaïef, un vaillant soldat.

Nous ne savons qu'il y ait eu des froissements
entre Lazareff et Alchasoff: pourtant quelque chose

de ce genre a dû y avoir, vu que le général Lazareff, qui commandait les opérations de la rive droite,
jugea à propos de tirer le colonel Fédaïeff de côté
et de lui donner directement ses instructions. Je
cite ici textuellement les ordres donnés par Lazareff;
ils expliquent tout, puisque le brave Fédaïff les a
exécutés mot à mot.

„J'appelle," me disait le général Lazareff, Fédaïeff
et je lui parle ainsi:

L. „Tu marcheras sur Hafiz et tu me balaiera
cela."

F. „Schlouss?!" (ce que veut dire: j'écoute, très
bien).

L. „Puis, tâches de te frayer le chemin prèsqu'à
Karadagh."

F. „Schlouss?!"

L. „Si tu peux enlever cela d'un coup de main,
à ta façon; bravo!"

F. „Schlouss?!" répète une dernière fois, Fédaïeff
fait son salut et disparait. Aussitôt la 5ᵐᵉ colonne,
divisée en deux, se dirige sur Hafiz et dans un clin
d'œil l'occupe. Cela fait, la colonne Fédaïeff prend
la direction de Karadagh, sans trop savoir, pourtant,
comment elle y arriverait. Heureusement que, dans
l'obscurité, elle tomba sur la tranchée creusée à la
hâte par Hussein-bey dans le but de barrer l'accès
de la ville, tout en réliant Hafiz aux hauteurs de
Karadagh. Fédaïeff n'eut qu'à suivre la tranchée,
afin de trouver son chemin: arrivé, pourtant, au

point d'intersection de la route Alexandropol-Kars et de la vite tranchée, la colonne tomba sur une batterie de deux pièces, qu'on cloua après avoir massacrés les servants et l'escorte.

Arrivés au pied de la montagne, les soldats de Fédaïeff durent grimper les rochers afin d'atteindre la rampe qui conduit à la gorge de l'ouvrage: C'est par là en effet que l'ouvrage pouvait être abordé, et non pas par les flancs, qui surplombent les roches et qui, par conséquent, sont inabordables. La surprise, plus l'explosion de la dynamite, obligèrent les défenseurs à prendre la fuite.

Les rapports disent que les fuyards de Karadagh coururent sur le fort Arab; que là il y eu des combats; que des renforts turcs ayant ménacé le fort, Fédaïeff se trouva en danger et appela au secours. Tout cela c'est de la broderie, faite sur commande. La vérité, vraie, la voici:

Les fuyards allèrent se refugier en ville et dans la citadelle, où ils savaient qu'ils seraient plus en sûreté et qui, en outre, se trouvaient plus près d'eux. D'ailleurs le matin, lors de la reddition, nous les trouvâmes tous là; dans la citadelle, c'est à dire. Quand aux combats et que sais-je, voici ce qui en est.

Fédaïeff, en homme bien avisé, se trouvant par miracle maitre du fort, s'y installa tout tranquillement, disant: „Que les autres fassent comme moi j'ai fait." Sur cela il crut superflu de donner de ses nouvelles. C'était un original, comme on voit.

Qu'en resulta-t-il? C'est qu'aux états-majors on se crévait les yeux pour s'assurer si Karadagh était tombé entre nos mains, ou non. Le feu avait cessé, c'est vrai; mais de la à en déduire un succès, il y avait une jolie distance. L'état-major général, inquiet, nous envoie demander ce que en était avec Karadagh. Comme nous étions également inquiets et perplexes et comme c'etait impossible d'expédies quelqu'un dans cette direction, il ne restait à Loris Melikoff qu'a télégraphier à la colonne Schatiloff, pour que du fort Arab il nous renseigne là dessus.

Schatiloff, en recevant la depêche, ne sut quoi répondre, vu qu'il n'en savait pas plus long que nous. Sur cela, il se décide à expédier une douzaine de ses Géorgiens, en leur donnant comme instructions, de grimper dans le plus grand silence la pente du Karadagh et de tâcher de se renseigner, si s'était des Turcs ou des Russes qui se trouvaient dans le fort. Se conformant à cet ordre, les Géorgiens escaladent cette pente rocailleuse et s'approchent avec précaution du fort. Une fois là, ils se couchent ventre à terre, tout en prêtant une oreille attentive aux voix qui brisaient le silence de la nuit. Quelques mots en Russe, ayant été distinctement entendus, nos hommes crient à ceux qui se trouvaient dans le fort, se reconnaissent mutuellement, et s'empressent aussitôt de porter la bonne nouvelle à leur commandant.

C'est ainsi, que la prise de Karadagh, survenu vers minuit, n'a été connue que vers les deux heures du matin.

A trois heures le silence se faisait tout le long du front d'attaque; seulement une ligne de feu était encore visible audessus de la ville entre le quartier Temur-Pacha et le fort Veli-Pacha. Quant à nos troupes, chacun restait sur la place qu'il avait conquise. Lazareff avait pourtant poussé jusqu'à l'entrée de la ville.

Jusqu'ici nous ne nous sommes occupés que de l'assaut: voyons, à présent, ce que faisaient les défenseurs de Kars dans cet entre-temps. Hussein-Hamy-Pacha avait son quartier dans ce magasin de vivres, dont il a été déjà question, et qui est situé en arrière du fort Kanly, non loin de la lisière des maisons: de là, il lui était facile de correspondre avec tous les forts au moyens de son télégraphe.

Trompé d'abord par ce qu'il croyait savoir, il ne fit aucun cas des démonstrations et se tint coi. Les hourras des colonnes d'attaque vinrent bientôt le secouer de son inertie et lui faire perdre toute illusion. Le pacha lance aussitôt ses renforts sur Suvary; mais un instant après, il voit tomber également Hafiz: au moment, où il s'apprêtait à secourir ce dernier, Kanly venait d'être cerné et l'ennemi y pénétrait de tout côté. Avec le monde qui lui restait, Hussein-Hamy essaye de secourir Daüd; mais il voit avec effroi que plus il expédiat des renforts, plus on lui renvoyait des fuyards. Bref un cercle de fer et de feu l'entourait et ménaçait de l'engloutir.

L'effroi dans l'âme, le pacha piétinait sur place, ne sachant de quel côté tourner, quel parti prendre: Mais, il lui fallait se décider; et à l'instant même, car une voix intime semblait lui dire, que l'heure de la rétribution allait sonner.

Le moment était suprême: il ne lui restait qu'à fuir; car les baïonettes dont on l'avait ménacé s'approchaient au pas de course. J'enfuie, mais où? puisqu'au lointain il voyait suspendu le cordon fatal! Au milieu de ces angoises, Hussein-Hamy se montra ce qu'il était, un conspirateur à ressources, à la fois lâche et habile.

Voici en quelques mots le parti qu'il adopta, sur place.

„Il faut m'échapper", se dit-il, „ou autrement je serai passé par les armes. Pour ce qui est du conseil de guerre qui m'attend; il y a moyens de me garantir. J'ai ici, entre mes mains, ce jeune colonel, Ibrahim-bey, fils de Namik-Pacha, un des hommes les plus influents de Constantinople et très en faveur à Yldiz. Il n'y a qu'à l'entrainer dans ma fuite et alors je suis sauvé. Le fils de Namik étant mon complice, quel conseil de guerre pourra nous juger?"

Satan n'aurait pu inventer rien de plus perfide

et habile. Le pacha rentre aussitôt dans son repaire: là il y trouve son secrétaire [1]), le général Mehemet-Munib et son propre monde: du ton le plus rassuré il leur annonce, qu'il lui fallait se rendre en toute hâte au fort Veli-Pacha (fort supérieur de la rive gauche) afin d'y préparer une résistance à outrance. Après avoir donné à chacun ses instructions, il leur confia la caisse et d'autres objets de valeur lui appartenant. Cela fait, il monte sur son cheval arabe, qui lui avait coûté les yeux de la tête, et comme l'éclair il disparaît. Sa fuite eut lieu entre une et deux heures, justement pendant que Kanly rendait l'âme.

Arrivé devant le fort Veli-Pacha, Hussein-Hamy se garda bien de s'y fourrer: il attendit dehors, tandis que son aide-de-camp appelait le jeune Ibrahim-bey. Celui-ci l'ayant rejoint, le pacha prit la clef des champs, suivi d'une trentaine de cavaliers. [2])

La fuite du commandant eut lieu à deux heures du matin: la garnison n'en eut l'éveil que vers les quatre heures; alors la débandade devint générale; 10,000, avec armes et bagages, défilèrent sans bruit et purent s'échapper du côté de Tshakmak, sans être aperçus.

---

[1]) C'est du secrétaire que nous tenons la plupart de ces renseignements.

[2]) Hussein-Hamy a réussit à se parer contre le conseil de guerre; mais, quelques mois après, il est mort exécré de tous.

Et nos 57 escadrons où étaient-ils, que faisaient-ils? Laisser passer une masse si considérable sans la voir est un fait vraiment inexplicable. Il est curieux de remarquer à ce propos, que si les Turcs au lieu de partir à quatre heures, étaient partis à deux heures, on n'aurait plus pu les rattraper. Cela aurait été par trop comique: les Russes s'imaginent que les Turcs sont dans Kars; ceux-ci croient que les Russes sont entrés; et Kars reste au milieu, sans savoir à qui elle appartient!

Et c'est à peu près ce qui est arrivé, comme on va voir.

Vers les trois heures le feu avait cessé sur toute la ligne. Seul, mon ami, Hussein-bey, nous lançait de la citadelle des obus jusqu'à cinq heures du matin. Cette canonade nous donna le change; en effet, cela nous fit croire que les forts supérieurs (de la rive gauche étaient encore en possession de l'ennemi. Aussi le général Loris Melikoff envisageait-il la situation comme fort critique. Personne ne savait où nous en étions; et encore moins quelle sort de surprise nous attendait.

Il n'y a qu'à faire le bilan des opérations de la nuit, pour que le lécteur se fasse une idée juste d'une situation sans précédent dans les annales militaires.

Des douze forts qui entourent la ville, cinq seulement étaient occupés: les sept autres, plus la citadelle qui fait huit, restait à prendre. Et que l'on remarque que ceux-ci étaient les plus formida-bles: Tahmass et Veli-Pacha dominent tout le sys-tème de ce vaste camp retranché; ils constituent l'os de la défense. C'est justement pour cette raison, que les derniers obus lancés de la citadelle, nous donnèrent la chair de poule: nous les interpretâmes comme étant le prélude d'un bombardement général, auquel allaient participer Tchim, Tahmass et Veli-Pacha.

Il est évident que si le bombardement avait commencé, nous étions perdus; vu que nous aurions dû évacuer la ville en toute hâte et que les forts conquis la nuit n'auraient guère pu nous abriter. Il en serait suivi une défaite, plus l'abondon du siège. De là la surexcitation, d'ailleurs toute natu-relle, qui se saisit en ce moment suprême de la personne de Loris Melikoff: sa barbe était herissée; il gesticulait violement et balbutait des phrases saccadées et presque incoherentes. Tout à coup il prit pourtant une résolution; il se decida de payer d'audance, en lançant, un ultimatum au comman-dant de la forteresse. Aussi se tourna-t-il brusque-ment vers moi et me lance cet ordre:

„Ecrivez tout de suite à Hussein-Pacha, que je lui accorde six heures de temps: si d'ici là il ne se rend pas, je ne laisserai pas pierre sur pierre."

Il était six heures, d'après ma montre. Je m'elance aussitôt vers la voiture de notre télégraphe de campagne, qui se trouvait à une centaine de pas de là. Avec ce que je pus trouver, je me mis à écrire la sommation. A peine avais-je achevé une ligne, qu'une estafette court vers mois, en s'écriant:

„Venez, venez, tout est fini; Kars est pris!"

Stupéfait, je jetai plume et papier par terre et dans un clin d'œil j'eus rejoint l'état-major: mais je ne trouvai plus que quelques officiers qui braquaient leurs lorgnettes et qui s'écriaient:

„Ils piétinent dans la neige! Regardez; vous ne voyez pas?"

En effet, on voyait distinctement la colonne des fuyards qui avaient atteint les montagnes au nord-ouest de Kars: comme des fourmies, des petits points noirs, il se frayaient péniblement le chemin à travers les neiges. Ces pauvres gens se trouvaient avoir parcouru une douzaine de kilomètres: étant partis à quatre heures, ils ne pouvaient certes, avoir fait d'avantage. Ils durent pourtant rebrousser chemin: et bien vite: cernés pas notre cavalerie, ils furent tous fait prisonniers. Un détachement de cavalerie turque, ayant resisté à la sommation, fut sabré par nos cosaques, qui cherchaient juste une occasion pour l'exercer au maniement du sabre, sur des têtes de Turcs.

Cette effusion de sang n'avait plus de raison d'être. Kars étant pris, on pouvait bien faire grâce à ces malheureux.

Notre entré triomphale dans la place conquise

eut lieu à sept heures: le Grand-Duc vint plus tard, à midi juste. L'état-major du général Loris-Melikoff était des plus brillants, comme on peut bien s'imaginer: la cohue d'hommes et de chevaux était telle, que c'est avec peine que l'on pouvait avancer. La nuit, sous la pluie de tôle et de plomb, notre état-major était bien loin d'être aussi bruyant et aussi brillant: par moment nous n'étions que cinq ou six derrière Loris.

Cette remarque, toute méchante, me vint involontairement à l'esprit au milieu de cette poussée assez gênante. Et si j'en parle ici, c'est que, dès le commencement, je me suis engagé à dire tout ce que j'ai vu de mes yeux et entendu de mes oreilles. Donc — „Honni soit qui mal y pense!“

N'oublions pas de dire que la citadelle se rendit à six heures et demie aux troupes du général Lazareff, peu avant notre entrée. C'est alors que je tint parole à mon ami: je pris Hussein-bey sous ma protection; en lui offrant en même temps l'hospitalité sous ma tente.

Les lecteurs seront, certes, curieux de connaître le chiffre des pertes subies tant du côté de la défense que de celui de l'attaque. Or, s'il y a quelqu'un qui mérite d'être cru sur parole, c'est, certes, nous, puisque nous sommes entrés des premiers, quand les cadavres restaient encore sur place.

Or, dans les forts Suvary et Hafiz, aussique dans leurs glacis respectifs, il n'y avait pas une centaine de cadavres: dans la ville, aussi que dans toute la zone comprise entre les forts inférieurs et la rive droite, nous n'avons pas rencontré une cinquantaine de morts. Tout ce qu'on voyait, c'était quelque cadavre par ici, et quelque cadavre par là. Par exemple, je me souviens distinctement que tout le long du lit du fleuve, entre Suvary et Tchim, j'ai compté huit morts et cinq bêtes crevées.

Pour ce qui est de Kanly, je ne puis rien dire, puisque je ne l'ai visité qu'après que les enterrements avaient été faits.

Somme toute, rien ne justifie les chiffres officiels qui attribuent aux Turcs une perte de 2500 morts et 4500 blessés. Ces chiffres portent ostensiblement le cachet de la statistique sur commande, ayant pour but de faire voir au monde, que, si l'attaque à été héroïque, la défense n'a pas été moins opiniâtre.

Rien de plus facile, d'ailleurs, que de prouver le peu de fondement qu'ont ces données. A ceux qui disent que les Turcs ont perdu, en cinq heures de temps, 7000 hommes entre morts et blessés, il n'y a qu'à leur mettre devant le nez le chiffre des combattants qui n'était que de 11,000. Une mortalité telle que celle qui aurait eu lieu à Kars, n'a jamais eu lieu, autant que je sache, dans aucune des guerres de ce siècle.

Quant à la perte d'un millier et tant d'hommes mise sur le compte des Russes, il convient en défalquer la bonne moitié. Veut on comprendre, oui ou non, que la garnison n'a presque pas opposé de résistance! Ce que vient à l'appui de notre assertion, ce n'est rien moins que l'exclamation poussée par le Grand-Duc, lorsqu'il fit sa tournée d'inspection tout autour des ouvrages.

„Mon Dieu!" exclama S. A. J., „comment est-il possible que nous ayons pris ces ouvrages!!"

Il suffira de dire que le relief de ces fortifications est si solide, si imposant, que de femmes avec des balais seraient eu état de s'y défendre et de repousser victorieusement plusieurs assauts. La Turquie a dépensé, tout recemment encore, un million de livres pour completer la défense de la place, et celui qui s'en est occupé, n'était point le premier venu, c'est l'Hongrois Colmann, Feizy-Pacha.

298, juste, est le nombre de canons que l'on trouva dans Kars: les dépôts étaient bien garnis et les vivres étaient en abondance dans les magasins: leur contenu à suffi pour nourrir l'armée russe pendant tout l'hiver. Le nombre des prisonniers valides qui furent internés en Russie est de 11,000 environ: ce chiffre nous fournie une nouvelle preuve que la garnison n'a pas pu subir des pertes aussi graves que certaines personnes prétendent.

Kars fut livrée au pillage pendant trois jours: c'est une sorte de carnaval que Loris-Melikoff crut devoir accorder aux loups affamés, qui étaient accourus, en troupes, au grand festin. Pendant ces trois jours il était permis d'enfoncer les portes, d'escalader les fénêtres et de baleyer le marché dans tous les sens. Pauvre Kars! Ça ne lui a pas suffi de trembler, tout un mois, devant Hussein le pendeur: elle a dû se resiguer aussi a être saccagée par les Lesghis, les Tchetchennes et les Arméniens, qui n'entendaient point s'en retourner les mains vides!

Dans les bulletins officiels, on a omis ce trait qui rappelle les mœurs des Huns et des Vandales.

RÉFLEXIONS SUR LA PRISE DE KARS.
CONSÉQUENCES.

Les annales de l'art militaire ne font point mention de la prise d'assaut, à la baïonette, comme l'on dit, d'un vaste camp-retranché, formé d'ouvrages permanents. Un pareil phénomène ne saurait s'expliquer qu'en mettant en ligne de compte, tout ce que a pu, plus ou moins directement, contribué à ce résultat. C'est justement ce que nous avons eu en vue en traitant le sujet aussi minutieusement que possible. Nos lecteurs donc ne sauraient nous reprocher d'avoir omis la moindre minutie, propre à aider leur critère et à leur faire voir ce qu'on appelle communement, le dessous des cartes.

Malgré l'ampleur de notre récit, et même en raison de cela, ils nous incombe à présent de faire un resumé, duquel ressortiront encore mieux tant soit les causes que les effets de ce phénomène sans exemple.

Un cris de surprise et de stupéfaction retentissit de tout côté à la nouvelle que Kars venait d'être prise d'assaut. D'abord, on se refusa d'y ajouter foi: puis on y crut, tout en formulant ses reserves, voire même ses soupçons. On se vit forcé néanmoins de courir aux informations, de ramasser des données; bref, on dut étudier le sujet, si ce n'est que dans l'intérêt de la science. Les spécialistes prirent sur cela leurs équerres et leurs compas et se mirent arpenter le plan de la célèbre forteresse, dans l'espoir de ressoudre le problème. L'un de ces savants crut avoir trouvé le secret dans le fait que les forts n'avaient point de fossés; un deuxième trouva que les ouvrages ne se flanquaient suffisament; il en fut aussi de ceux qui opinèrent que la cause principale de la réussite de l'assaut il fallait la chercher dans le fait que la garnison n'était point suffisante.

Le plus singulier c'est de voir comment ces spécialistes, arrivent tous à la même conclusion: et cela en dépit de leurs différents points de départ: cette conclusion est, qu'il y a quelque chose qui échappe à la vue et au touche, et qui met la science au défi de se prononcer au sujet de ce fait d'armes.

Sait-on pourquoi toutes les recherches faites dans ce but ont fait fausse route? Parce que les prémisses desquelles on est parti sont fausses: en d'autres mots, on s'est obstiné à envisager la prise de Kars comme étant un phénomène de l'ordre physique, technique, quand il n'est qu'un phénomène de l'ordre moral. C'est dans ces hautes régions qu'il faut chercher les causes de ce phénomène, et non pas en fouillant les fossés, en mesurant les parapets et moins dans ces fameuses encore baïonettes qui bien souvent ont pris la fuite devant le soldat turc.

Kars était tombée moralement avant qu'elle ne soit tombée de fait. Cette chute est due à la démoralisation qui avait envahi tout, la garnison, l'armée et la Turquie toute entière. On ne peut se faire une idée à quel niveau était tombé la morale de la garnison de Kars, qu'en l'ayant constaté de ses yeux. Chez les officiers captifs cette démoralisation s'approchait de l'ébêtement; ils poussaient un profond soupir, et puis ils baissent la tête; voilà tout ce qu'on pouvait apprendre sur leur état d'esprit sur leurs espérances, sur leurs désirs. Bref, ils étaient le type de l'homme indifférent à la vie ou à la mort: ils étaient l'image de cette victime fascinée qui se laisse engloutir par le boas-destructor sans bouger.

On peut nous objecter, sans doute, que l'exemple de Plevna donne un démenti à notre argument. La défense héroïque de Plevna ne change en rien notre argument, puisque cet épisode n'agit que sur la forme (un cas spécial) et pas sur le fond de la question. Il faut que l'on sache donc que l'armée d'Asie, 4me corps, a été de tout temps negligée: tandis que le ministère prodiguait ses soins en faveur des autres corps d'armée (surtout ceux d'Europe) les plus mauvaises fournitures, les officiers et les employés les plus sujets à caution filaient sur Erzéroum, l'Eldorado des affaires véreuses. L'état militaire était ainsi tombé au niveau de l'épicerie et des tripotages de bourse.

En 1864 c'était encore à temps de remèdier à ce triste état de chose; et cela en vue d'une guerre qu'on pouvait bien prévoir comme possible dans un délai de dix à douze ans. C'est justement pour cela qu'à l'époque prècitée, Hussein-Daïm, le héros de Tahmass et moi, nous prîmes courageusement sur nous la tâche ardue de mettre de l'ordre dans cette armée et la préparer par cela à défendre les pentures de l'empire de ce côté.

Sait-on la réception qu'on nous fit à cette occasion? On nous dit qu'„avec les loups il fallait hurler“; et que, si cela ne nous convenait pas, nous n'avions qu'à nous en aller. C'est ce que nous fîmes: et depuis lors la gangrène à fait de tels progrès qu'il nous a suffit de montrer le bout de notre doigt pour qu'aussitôt la débandade devint générale.

N'y a-t-il pas, cher lecteur, quelque chose de mystérieux, de providentiel, dans tout cela, qui échappe à la vue et au touche des plus savants tacticiens. Qu'une armée soit confondue et anéantie des mains de celui qui à satiété leur avait repété: „Ayez soin du soldat: le jour viendra, où vous aurez besoin de lui." Si cela n'est pas providentiel, c'est qu'alors il n'existe point de Providence, d'Être suprême.

De la démoralisation partielle, propre, pour ainsi dire, à la garnison de Kars, passons à la démoralisation qui a envahi la Turquie toute entière et ses forces de terre et de mer. A ceux qui se basent sur la défense de Plevna, pour battre en brèche notre théorie de démoralisation, nous ripostons ainsi.

La démoralition, résultant du pronunciamento de Dolma-bagtché, a miné, petit à petit, les forces de la défense: des éboulements étaient, à la longue, inévitables et ils se sont produits par le révocation d'Abdul-Kierim, ce que a compromis les opérations en Europe, et ensuite par la fuite de Muktar et celle de Hussein-Hamy, deux incidents qui ont tout perdu en Asie. Que l'on remarque, que si le dénoûment s'est fait attendre sur le théâtre de la guerre en Europe, la cause de ce retard on la retrouve justement dans la supériorité relative des combattants.

Ainsi avec des troupes mieux conditionnées et mieux commandées, la défense a pu improviser Plevna et la défendre à outrance: avec des soldats complètement démoralisés et mal commandés, une forteresse imprénable a été lâchée, comme s'il ne s'était agi que d'une simple bicoque!

En récapitulant tout ce qu'il a été dit sur la prise de Kars, il reste acquis à l'histoire:

1° Que, si Muktar-Pacha et ses troupes avaient participé à la défense, le fort Hafiz n'aurait pas été pris par surprise dans la nuit du . . . Jamais donc les Russes n'auraient songé à essayer l'assaut sur grande échèlle.

2^0 Que si le commandant n'avait pris la fuite, sous le coup d'un stratagème de guerre, à l'aube l'assaut était refoulé et Kars était sauvé.

Après ces faits, toute autre explication de ce phénomène rentre dans le domaine de la fantaisie.

Examinons maintenant quelles furent les conséquences de la chute de ce boulevard de la puissance ottomane en Asie.

D'après ce que nous disent ceux qui se trouvaient au loin, la nouvelle de la prise d'assaut de Kars tomba comme la foudre sur Constantinople et sur Londres: sur les autres capitales elle produisit une de ses sentions difficiles à décrire, un mélange de stupéfaction et d'incrédulité. „Douze forts pris à la baïonnette!" Chacun se mit à exclamer, avec stupeur.

Parmi les belligérants, sur les champs de bataille l'effet, produit par la nouvelle de la prise de Kars, fut plus intense et plus décisif. Le défense'se sentit tomber les bras: l'offensive, lasse et défaillante se sentit redoubler les forces et leva enfin fièrement la tête. Jusqu'à ce moment Turcs et Russes avaient lutté avec des chances à peu près égales: tantôt c'étaient les uns qui montaient, tantôt c'étaient les autres.

La prise de Kars vint donner le coup décisif: depuis lors, la fatale balance n'a plus bronché; elle a penché définitivement du côté des Russes!

L'on peut s'imaginer quel effet produisit cette nouvelle à Plevna même, où des centaines de mille hommes essaient, en vain, d'en venir à bout de la résistance de la vaillante garnison. Afin de lui donner le coup de grâce, les Russes employèrent l'expédient suivant: ils illuminèrent leur camp des feux d'artifices variés, au milieu desquels surgissait avec éclat et fracas cette terrible inscription en caractéres turcs — „Kars a été prise!"

Osman-Pacha n'y ajouta point foi; il considéra cela comme n'étant qu'une ruse de guerre. Pourtant, il en conçut une certaine doute: puisque le jour même de la reddition, le défenseur de Plevna interpella äinsi l'interprète Makieff, à ce sujet: „Je comprends", dit-il, „que vous ayez pris Plevna:[1]) mais prendre Kars par assaut, c'est impossible!"

Le défenseur de Plevna n'était pas homme à se laisser imposer par des fanfaronnades: l'instinct même semblait lui dire qu'au fond de cet assaut il devait y être quelque chose de plus que des simples baïonettes.

Aussi, se borna-t-il à exclamer, comme toute conclusion: „Tchok schei! Tchok schei!" (chose étrange! chose étrange!) Comme tout le monde se souvient, un mois après Kars, le tour vint à Plevna, puis à Adrianople et, au mois de février, les Russes se trouvèrent pour la première et dernière fois devant Stambol, leur tant convoité proie!

Arrivés à ce point, jetons un coup d'œil retro-

[1]) Mais Plevna n'a pas été encore pris!

spectif sur les événements de 1877—78 afin de nous rendre compte dans quel état l'empire ottoman est sorti de cette catastrophe. Tout le monde sait que la Russie n'y a rien, ou peu, gagné: voyons si sa rivale y a beaucoup perdu, ou s'il lui est permis de se consoler, en répétant le vieux proverbe: „A quelque chose malheur est bon."

Certes, la Turquie a perdu par cette guerre des royaumes entiers; elle s'est appauvrie considérablement; mais ce qui est certain aussi; c'est quelle aurait pu tomber encore plus bas! Et comment?

En sortant, tout simplement, vainqueur de la lutte!

Cette manière d'envisager la question paraîtra, au premier abord, tout au moins paradoxale. Que l'on suive, de grâce, notre raisonnement et le paradoxe prendra aussitôt la forme d'axiome, de vérité saisissante et indéniable.

Ceux qui commandaient les armées, soit en Bulgarie, soit en Asie, qu'étaient-ils si non des gens coupables du crime de haute trahison, des rebelles qui avaient renversé le pouvoir impérial; la base même sur laquelle s'appuie l'empire d'Osman? Or, dans l'hypothèse d'une guerre heureuse, les fauteurs du pronunciamento, les assassins d'Abdul-Aziz, seraient restés les maîtres de la situation, au détriment de l'autorité impériale. En d'autres mots les vainqueurs auraient conservé à l'empire ses possessions, mais au prix de l'humiliation du chef de l'état et de sa soumission à leur volonté. Abdul-Hamid serait resté leur humble serviteur, si non, leur prisonnier.

A Constantinople, on ne se faisait guère d'illusion à cet égard: la partie se jouait à decouvert, pour ainsi dire: pour les uns victoire, voulait dire, impunité; pour les autres, défaite, signifiait, châtiment et retablissement de la légalité.

De là, frayeur, les angoises qui se saisirent en ce moment suprême de Midaht, de Mahmoud-Damat et consorts: de là, leur piétinements et leurs soubresauts en vue de conjurer la défaite; (car les changements dans les commandements, la revocations d'Abdul-Kierim, etc., n'étaient après tout que des efforts de ce genre): de là, également le coup de grâce que nous ajustâmes à la revolte dans la personne du commandant de Kars.

Ainsi, ce n'est que grâce à la défaite qu'il a été permis à Abdul-Hamid de se saisir des coupables et de rétablir l'autorité souveraine. C'est à ce prix que la légalité a été revendiquée et que l'édifice politique de la Turquie a pu retrouver son assiette. Le prix était cher, certes; mais, le résultat obtenu, valait bien ce prix. D'ailleurs, c'était une question, *to be or not to be*, où l'on ne marchande pas.

La Turquie en est sortie ammoindrie, mais vivante: dans l'autre hypothèse, elle aurait inévitablement sombré.

LE TYPHUS, LE TRAIN ET LES TRANSPORTS.

————

Le typhus a fait des ravages effrayants sur le théâtre de la guerre d'Asie. Si aux 20 000 hommes qu'y ont perdu les Russes, on en ajoute tout autant pour le compte des Turcs, on arrive au chiffre de 40 000 victimes, fauchées dans le bref espace de trois mois, entre novembre et février. Il s'agit ici, comme l'on voit d'un fléau destructeur des plus terribles, qui n'a point epargné ni vainqueurs, ni vaincus.

Malgré la forte dose de fatalisme qui rentre dans notre entité individuelle, force nous est de reconnaître que l'incurie de l'administration militaire a sa large part de responsabilité du chef d'une catastrophe qu'elle aurait dû prévoir, d'abord, et contre laquelle elle était tenu de lutter, ensuite.

Quand on pense que les Russes ont fait si souvent la guerre dans ce pays, on s'étonne de l'ignorance dont ils font preuve par rapport à ces conditions endémiques et à son état hygiénique. Ce n'est pas assez de connaître la topographie et la statistique du pays, où l'on va transférer la guerre: il importe de se renseigner sur tout ce que peut être avantageux ou nuisible aux troupes que l'on y conduit. Dans cet ordre d'informations se trouvent, au premier chef, la salubrité des localités et des lieux habités; la qualité des eaux potables; l'état sanitaire des populations; etc., etc.

L'on doit savoir donc que le typhus est à l'état endemique dans toute cette contrée, et que c'est surtout en hiver qu'il atteint le plus d'intensité. Cette sorte d'épidémie cronique a sa source dans les taudis, où hommes et bétail se trouvent entassés, afin d'échapper, à la bise et aux tourbillons de neige. Pendant mon séjour dans ce pays, j'avais été payé pour apprendre tout cela, puisque ma troupe se vit décimer par le typhus, et moi-même je fus contraint d'arrêter les opérations.

Si, cette fois-ci, je n'ai point attiré l'attention des chefs de l'armée russe sur ce sujet, ce que je m'imaginai que le corps sanitaire serait, à même, de faire face à toute éventualité: ce que n'était nullement le cas.

Le typhus fit son apparition, vers le milieu d'octobre: les nuits étaient très froides et la malpropreté régnait dans notre camp: il n'en fallait pas davantage. Disons tout de suite, que les officiers, chargés de l'installation première, avait oublié d'établir certaines tranchées réglementaires, nécessaires au point de vue de l'hygiène, en avant du front de bandière et derrière le campement.

De cette négligeance il en résulta que quelques jours après l'établissement du camp, une zone infecte et pestilencielle se forma autour de nous. A quelques pas derrière nos tentes, il y avait un champ creux, visité par les troupiers, avec entrée libre: eh bien, ce lieu était tellement nauséabond, qu'il n'y avait pas moyens de le côtoyer, sans se boucher le nez.

A cent mètres plus loin, on se trouvait pourtant en pleine place Vendôme: c'est à dire, dans le beau square, sur lequel donnaient la tente du Grand-Duc, aussi que celles de son brillant état-major. C'était là la face de la médaille, et pas le revers.

Au commencement de novembre l'épidémie faisait déjà des ravages. Aussi, la cause principale qui nous força à essayer l'assaut, ce fut justement le nombre considérable de malades qui étaient versés aux hôpitaux. Par régiment, on renvoyait soixante hommes chaque jour: de ce train, il n'y avait qu'à attendre la fin du mois, et il n'y aurait eu plus personne debout.

Il ne fallut, après cela, qu'une tendre embrassade entre vainqueurs et vaincus pour que l'épidémie atteigne son plus haut degré d'intensité. Les hopitaux de Kars regorgeaient de malades ou de mourants, pour mieux dire; les prisonnniers étaient, en grande partie, atteints du fléau; nous nous étions à moitié empestés; tous ensemble, nous commençames alors à tomber, comme des mouches.

Moi, je fus au nombre: donc je parle avec connaissance de cause. Si je l'ai échappé belle, c'est que je sus prendre mes précautions. Voici, en peu de mots, ce que je fis en vue de prolonger le bail de mon existence.

J'eus un vague pressentiment que j'allais tomber moi aussi. „Au lieu de tomber ici, c'est mieux“, me dis-je, „de me jeter sur Tiflis; là, au moins, les hôpitaux sont meilleurs et la foule des malades n'est pas si grande . . . filons! filons!“

C'est à cette détermination que je dois mon salut. En effet, je me mets aussitôt en selle, et avec mon joli petit cheval je réussie à atteindre la capitale du Caucase, par petites étapes. Une fois là, j'eus encore assez de force pour me trainer pendant trois jours: dans la soirée du troisième jour, pourtant, je fus transporté à l'hôpital, insensible, en plein délire.

Je restais à l'hôpital quarante jours: au bout de ce terme, je me mis dans un *tarantass* (voiture), et, bien entortillé dans des fourrures et dans des couvertures, je traversai, de nouveau, les plateaux glacés de l'Arménie et je rejoignai mon cher corps-commandier à Erzéroum.

Pendant que je gîssai dans mon lit à l'hôpital, le typhus faisait ces ravages dans tous les sens. Le long de la route, les villages et les stations étaient encombrés: à tout bout de champ on rencontrait de longs convois de malades et de convalescents: dans des champs, j'ai vu, de mes yeux, des cadavres que personne ne voulait enterrer. Cela était bien naturel, car quand la panique se saisit des masses, on se dit: „Chacun pour soi et Dieu pour tous".

Dans ces moments de panique, il suffit que quelques gros noms, de princes ou de généraux, retentissent à l'oreille des masses éffarées, pour qu'aussitôt leur panique se transforme en consternation. Et cela ne manqua pas d'arriver.

A Alexandropol on nous annonça que tels et tels officiers sont trépassés, grâce aux bons offices du typhus.

Arrivés à Kars, des nouvelles encore plus lugubres nous sont communiquées: le major tel et le colonel tel venaient de mourir. Comme si cela ne suffisait pas, le commandant de la station fourre dans mon tarantass un postillon mourant, en me priant de le déposer à la station d'Hassan-kalé. Je me chargeai bénévolement de cette commission, qui me procura l'agrément de serrer un typhoide dans mes bras, tout le long du chemin.

A Hassan-kalé une plus grosse nouvelle encore restait en resèrve et nous attendait. Quoi? Le général tel vient de rendre le dernier soupir. Il fallait voir nos figures, comme aussi celles des habitants de cette petite ville.

„Décidément", me dis-je, „la fin du monde est

arrivée: j'aurais mieux fait de ne pas bouger de Tiflis!"

A peine je descends au bureau de poste à Erzéroum, que j'apprend la mort toute fraiche, de quelques heures seulemént, du général-lieutenant Heimann, commandant du corps d'opération. La consternation avait atteint son apogée dans cette ville. Je courus aussitôt aux informations auprès de ce bon Obermüller, le consul, et là, j'appris, à mon grand soulagement, que le général avait succombé à une toute autre maladie qu'au typhus, le fléau dévasteur du moment. Heimann était mort d'une explosion de l'estomac et dans des circonstances assez étranges, pour qu'elles méritent une mention spéciale.

Depuis le commencement de la campagne, cet officier se plaignait de deux affections: l'une, sensibilité de l'épiderme; l'autre, un tic nerveux. Ainsi l'affection No. 1 empêchait le pauvre homme de supporter le moindre vent froid; No. 2 lui faisait perdre connaissance au premier coup de fusil.

Que l'on ne pense pas qu'ici nous plaisantons. Heimann, quoique général russe, fut pourtant doué d'un de ces tempéraments qui ne peuvent se faire à la vie de soldat. Ceci, d'ailleurs, s'explique aisément par le simple fait que Heimann était Juif et pas Russe.

Mais revenons à ses affections cutanées et nerveuses et au dénoûment auquel elles aboutirent.

13*

Devant faire campagne quand même, Heimann alla consulter un practicien de renom et lui expliqua son cas. Celui-ci présente à son vaillant client une bouteille, en ajoutant:

„Général, toutes les fois que vous sentirez froid, prenez trois gorgées de cet élixir: quand le feu commence, prenez-en cinq, six, à discrétion, et je vous promets que le diable même s'échappera devant vous!"

Les vertus que possédait cet élixir merveilleux nous restent inconnues: ce que nous savons, pourtant, c'est que dans la médecine populaire russe il porte le nom de „vodka" : une sorte de potion qui répond au „Schnaps" des Allemands.

Quoiqu'il en soit, notre général, une fois en selle, s'en tint des deux mains à la préscription du célèbre allopathe. Au premier coup de vent, voilà que la bouteille se lévait et des gorgées abondantes chauffaient le général comme un poêle: au premier coup de canon, la même opération, plus abondante encore, lançait Heimann en avant, comme une flèche. C'est de cette façon que ce brave corps-commandier a réussi à traverser les plateaux glacés de l'Arménie, refoulant les Turcs devant soi.

Une fois à Erzéroum, au port, Heimann aurait dû cesser sa cure; le bon sens devait le lui dire. Il avait, pourtant, pris un tel goût à sa médecine, qu'il lui fut impossible de s'arrêter. En effet, la veille de notre arrivée, le général abusa tellement de sa préscription, que le matin on ramassa sur le plancher les éclats de son estomac, sauté à la suite de la „vodka" tout pur!

Sic transit gloria mundi!

C'est sur le dos du typhus que, par convénance, on mit la mort de l'illustre général. Et on eut grand tort, car la nouvelle de son décès ne contribua pour peu à répandre la panique en ville.

Que faisait-il, se dira-t-on, au milieu de cette effrayante épidémie le corps sanitaire? Il a payé de sa personne héroïquement: qu'il suffise de dire que soixante et dix médecins sont morts à leur poste, près du chevet des malades. Mais leurs efforts ont été impuissants à lutter contre le fléau. D'ailleurs, les moyens leur faisaient complètement défaut: puisque les hôpitaux et les ambulances de l'armée n'étaient organisés qu'en vue de suffir aux exigeances de la guerre, du champ de bataille, pour mieux dire. Rien n'avait été fait pour l'imprévu: et devant l'imprévu l'on dut succomber.

Espérons que cette catastrophe servira de leçon pour l'avenir, non seulement aux Russes, mais aussi aux autres nations. Dans toutes les guerres, les pertes devant l'ennemi sont insignifiantes comparées à celles que causent les maladies. De cela, il en découle que le devoir s'impose aux gouvernements de prendre à temps les mesures nécessaires, en vue d'épargner à leurs peuples des pertes qui s'évaluent à 20%, au moins.

Une action dans ce sens est d'urgence. Aussi, nous sommes-nous fait un devoir d'élaborer un plan d'hôpitaux de réserve pour les armées ottomanes, qui peut servir de base pour l'établissement d'un système analogue, dans n'importe quel autre pays.

Train et transports. Il nous reste quelques mots à dire au sujet de ces services, sans lesquels une armée ne peut guère être mobilisée. En entreprenant une guerre offensive, l'armée du Caucase avait de grandes difficultés à survaincre. Les routes praticables s'arrêtent à Alexandropol et à Erivan: au delà ce n'est pas l'inconnu, mais bien l'infranchissable.

Voici donc le plan auquel on s'arrêta afin de prendre l'offensive et opérer en pays ennemi. Chaque régiment devait être suivi de ses fourgons réglementaires: quant aux réserves, elles devaient faire partie du grand parc. Mais cela n'était rien, puisque la grosse affaire était, d'abord, le transport des munitions et puis, l'entretien d'une forte armée dans un pays, où il faut tout emmener avec soi.

Pour trancher cette difficulté, il n'y avait qu'un moyens: celui, c'est à dire, de passer un contrat avec la grande compagnie des Messageries de la Caspienne à la Mer-noire. Cette compagnie est peu connue en Europe, et c'est pour cela justement que nous tenons à lui faire ici de la réclame, à la faire connaître.

Que l'on sache donc que toutes les voies de communication de cette partie du monde sont exploitées par les Persans, au détriment des Turcs, des Russes et tous les autres races. Le Persan, très commerçant, patient, économe, est, depuis des siècles, l'agent des transports, le camionneur obligatoire pour tous. D'abord les Persans sont les seuls qui puissent former de grandes caravanes; puis ils ont su se nicher dans toutes les stations, les auberges le long des principales routes; enfin riches comme ils sont, ils peuvent défier toute concurrence.

Aussi, celui qui sait mettre les Persans de son côté, acquit-il la possibilité de faire des affaires et la guerre est une affaire. Ainsi, ce n'est qu'à force de bien payer, de cajoler et de décorer ces camioneurs, que l'armée du Caucase a pu marcher, se battre et triompher. Les caravanes de chameaux venaient de Vladikavkas à Erzéroum doucement mais sûrement: sans elles, nous n'aurions eu, ni macaroni, ni fromages, ni sardines et encore moins de bouteilles de champagne: enfin c'est grâce aux chameaux aussi que nous n'avons jamais été au depourvu de gargousses, ni d'obus.

Ces caravanes faisaient le service régulièrement comme des trains-marchandises: les uns partaient, les autres arrivaient à destination à jour fixe. Que l'on remarque qu'il s'agissait là de distances entre cinq et sept cents verstes. (Sept verstes font une lieue allemande.) En dix-huit mois de temps les chameliers persans ont fait ces trajets d'aller et retour, au moins dix fois. Quelle patience! mais aussi quelle aubaine! Les roubles pleuvaient!

En tous cas, cet argent a bien rapporté: car sans les Persans, nous n'aurions pas pu tenir la campagne. Cela est certain.

APRÈS LA VICTOIRE.

Les admirateurs du général Loris-Melikoff l'ont fait passer pour un génie hors-ligne, un Jules César ou un Napoléon, qui savait tout, qui prévoyait tout, bref, qui embrassait l'univers dans l'étreinte d'une intelligence transcendante. Il nous répugne de nous hasarder aussi loin que le prince de Bismarck, qui d'un trait de son puissant crayon classa le général russe dans la section des charlatans. Nous devons pourtant reconnaître que jamais réputation n'a été tellement surfaite, que celle dont a joui pendant quelque temps ce favori du sort.

Loris était doué d'une imagination ardente et de beaucoup d'élan, qualités qui chez lui allaient au pair avec une finesse toute juive: le sang-froid, par contre, lui faisait défaut. Ses connaissances avaient peu de fond, et cela en raison de son instruction de cadet, laquelle, dans la plupart des cas, n'est que du badigeonnage scientifique. De là les efforts constants faits par Loris, en vue de faire bonne figure, en se donnant l'air de connaître ce qu'il ignorait.

Pendant ses séjours prolongés à l'étranger, notamment en Allemagne, le général s'était donné beaucoup de peines, avait avaler des masses de livres, dans l'espoir de se rattraper pour le temps perdu et de se perfectionner.

Malgré cela, il resta, quand même, dans la catégorie de ceux qui vous parlent de tout, sans rien connaître à fond.

Un incident survint le jour après notre entrée dans Kars qui dépeint exactement l'homme et le capital de ses connaissances. Je trouvai le général en train de déguster sa cigarette matinale et en excellente humeur; il me questionna aussitôt sur ce qui se passait en ville, ainsi que sur les incidents palpitants de la veille. Après avoir dit ce que j'avais à dire, après avoir échangé nos appréciations sur la situation, je lançai à brûle pour point cette exclamation au général:

„Savez-vous que dans l'histoire militaire il n'y a pas d'exemple qu'une forteresse comme celle-ci ait été prise d'assaut! Le seul cas qui s'approche à celui-ci, c'est la prise de Berg-zoog, ou Zoog-berg, je ne me souviens pas au juste, enlevée par les Anglais à l'époque de leurs guerres contre Louis-Quatorze. Mais un camp retranché, comme celui-ci, n'a jamais été enlevé comme nous l'avons fait!"

Loris qui me fixait, à ces mots, eut la respiration arrêtée; saisi dans tout son être, il semblait en proie à une extase. Et, en effet, dans cet instant, tout un nouvel horizon venait de se révéler à ses yeux: comme dans un rêve, il se trouvait être le plus heureux capitaine du présent et du passé, à côté duquel les Turenne et les Frédéric n'étaient que des pygmées.

„Si Kars“, se dit-il en soi-même, „est la plus grande conquête du monde, moi, je suis le plus grand héros, dont fasse mention l'histoire! C'est à moi, à présent, à exploiter l'affaire!“

Ces traits tout à fait originaux, que nous avons tracés ici, présentent le général Loris-Melikoff sous son vrai aspect, sous l'aspect d'un paysan ignorant, à qui une fée remet entre les mains le Koi-noor, en personne, le plus gros et le beau joyau du monde: le paysan, dans sa simplicité, le prend pour un caillou poli, de peu de valeur. Quand pourtant la fée, la sotte fée, lui revèle le trésor, dont il est devenu possesseur, le paysan perd la tête et se croit transformé en demi-dieu.

Mais Loris n'était pas de ces paysans qui restent longtemps sous le coup d'une vision, d'un étourdissement: un moment après, son parti était pris et cela n'était autre, que de flanquer tout le monde du côté, en commençant par moi, bien entendu, et placer la couronne murale sur sa propre tête. La Russie et l'Europe devait le reconnaître comme étant le vrai et le seul vainqueur de Kars.

Le lendemain de cette entrevue décisive, je trouvai le général très occupé: pendant la jornée c'est à peine si nous échangeâmes quelques mots. Après cela Loris trouvait toujours le moyen de me recevoir devant témoin: en plus, il devint visiblement reservé à mon égard. Ses aides de camp se mirent, eux aussi, de la partie: je me vis ainsi retiré; l'entrée libre, sous toute sorte de prétexte.

Il n'y avait plus d'illusion à se faire; j'étais bel et bon coulé par rapport au général. Les beaux jours, où il m'était permis d'entrer dans sa tente, à toute heure, et le secouer, comme on secouerait un paillasson, étaient, à tout jamais, passés: je n'étais plus pour lui qu'un rival, un ennemi dont il tenait à se débarrasser. Les compagnons du champ de bataille sont des scies pour les intrigants et les lâches; et Loris était et l'un et l'autre. S'il ne brisa pas en visière du coup, c'est qu'il se réservait *in petto* de filer en cachette et de me laisser à Kars avec tant de nez. En effet, un beau matin, en sortant de chez-moi, j'apprends qu'à l'instant même le corps-commandier venait de partir pour Erzéroum. Ce voyage avait pour prétexte une inspection des troupes stationnées par là, mais le véritable but de Loris était de se tenir à l'écart de tous les prétendants à la prise de Kars, pendant que sous main il travaillait à Pétersbourg, en vue de se faire reconnaître comme vainqueur incontestable.

Ayant deviné ce dont il s'agissait, je me dirigeai aussitôt vers la maison qu'occupait le général Lazareff, au bas de la ville, au delà du pont, pour lui exposé ma situation et demander ses ordres. Le bon Lazareff me dit que Loris n'avait soufflé mots à mon égard, en partant, et que lui même, il en était surpris. De là en surgirent naturellement des confidences de part et d'autre, puisque nous étions des amis et qu'en plus nous étions dans une situation identique, par rapport à Loris-Melikoff.

Chose étrange! Lazareff qui me raconta un tas de choses sur Loris et sur d'autres et qui en plus parlait sans façons, en soldat, se garda bien de me faire soupçonner qu'il était prétendant à la prise de Kars. Ses prétentions se basaient sur le fait qu'il avait fait le premier son entrée, les armes à la main: ce détail, comme de raison, je ne le sus qu'après.

Moi, de mon côté, je me montra tout aussi habile diplomate: de moi Lazareff ne put rien appendre au sujet de mon différend avec Loris: je ne lui dit que ce qu'il convenait qu'il sache et qui était de nature à l'aiguillonner contre notre ennemi commun. Si je lui avais dit de plus, si je lui avais dit que j'étais, comme lui, un prétendant à la prise, j'aurais tout compromis. En effet, quelques jours après, je remis entre les mains du général une supplique précieuse, en y joignant la prière de le faire parvenir, aussitôt que possible, au destinataire. Ce n'était rien moins qu'une sommation à Loris de devoir attester ce que j'avais fait pour nous rendre maîtres de Kars.

Lazareff, ne se doutant rien, me promis d'expédier sur le champ ma missive à Erzéroum. Et il tint parole, puisque lorsque je vis Loris, celui-ci avoua bien l'avoir reçue, sans en avoir pourtant, bien digéré le contenu.

Comme il a été déjà dit, de Kars je me rendis à Tiflis, où je dus payer mon tribut au typhus. Ma maladie dut faire réjouir, Loris-Maximoff, bref tous mes collègues de l'état-major, car ma présence parmi le nombre des vivants leur causait une certaine inquiètude. Si je mourrai à l'hôpital, tout aurait été dit: on m'aurait enterré et avec moi, la lettre, le pauvre Riza, la fuite d'Hussein-Hamy, etc., etc.: bref le monde n'aurait j'amais rien su de tout cela et les héros officiels seraient restés debout sur les remparts de Kars, leurs fameuses baïonettes à la main.

Malheureusement pour eux, ainsi que pour moi, ma peau a prouvé être trop dure: Aussi, voilà qu'un beau matin me voit-on sur le Golowinsky-prospect me trainant comme un escargot fraichement sorti de dessous le feuillage! Le lendemain, je me présente au prince Mirsky et je lui annonce mon départ pour Erzéroum. Le prince eut de la peine à prendre la chose au sérieux:

„Allez, allez vous coucher, mon cher; peut-on faire quatre-cents verstes dans cet état.

Et moi, qui avait de la maille à partir avec Loris, pouvais-je me resigner à le voir partir, sans avoir pris de lui de ses garanties, ou tout au moins une assurance que mes services seront reconnus et recompensés?

L'armistice allait bientôt expiré, il fallait bien que je me hâtasse, en vue de faire face à toute éventualité et de ne pas rester le dernier servi.

Que le grand air est vivifiant, même dans les montagnes et au milieu des neiges! Deux jours de course me suffirent pour me débarrasser de ma convalescence et redevenir ce que j'étais au commencement de la campagne. De Dilidjan, où commencent les neiges, jusqu'à Erzéroum, ce n'était qu'une masse de neige et de glace: deux fois je versai avec mon *tarantass* et mes chevaux, roulant tous ensemble le long de talus escarpés. Mais aucun mal ne m'arriva, car Dieu était mon soutien, mon gardien.

Une fois nous étions à deux, en file; mon traîneau roula le premier, l'autre nous suivit, de façon que je me trouvai écrasé sous le poids de l'équipage de ses trois chevaux et de tout le bataclan.

Je sortis de ce guêpier sain et sauf, puisqu'il était écrit.

En me voyant vivant, devant lui, Loris subit une vraie secousse électrique, qu'il ne put nullement cacher. Le chef d'état-major du corps d'armée était présent à cette scène: moi, j'en restai ébahi, car j'avais de la peine à m'expliquer quel pouvait en être le motif.

„Qu'ai-je fait! Pourquoi m'en veut-il!" balbutai-je, en moi-même.

Quant au général X.: lui aussi était resté la bouche béante, ne sachant ce qui se passait en ce moment dans l'âme de Loris.

Loris était devenu noir, mais noir comme du jet: sa chevelure et sa barbe s'étaient herissées; pas un mot, pourtant, ne sortit de sa bouche.

Cela aurait été superflu, d'ailleurs, car nous nous comprîmes très bien tous le deux. C'était là sa réponse à ma sommation, exigeant une constatation officielle de ce que j'avais pris Kars et que je n'admettais pas d'autre vainqueur en dehors de moi.

Le général X. intervint sur cela, tâchant de son mieux à nous calmer. Pour ce qui me concerne c'était peine perdue, puisque je m'efforçai, de réagir contre la colère, le fiel de Loris par le calme, le flegme turc. Je me bornai a lui lancer ce défi:

„Général, je suis ici pour mon devoir: si vous désirez que je m'en aille, j'exige de vous un ordre par écrit."

Nous allions, sur cela, nous saisir par la gorge tout bonnement, quand notre témoin s'interpose derechef en m'exhortant de sortir.

Une fois dehors, je mesurai de suite toute l'étendue de l'abime qui se présentait devant moi. Il n'y avait point d'illusion à se faire. Loris m'en voulait à mort, et sa mine le montrait bien, car, j'étais le seul homme qui faisait obstacle à la réalisation de ses rêves les plus chéris, le seul qui lui barrait le chemin vers la gloire, les richesses et la toute-puissance.

S'il venait à comprendre que mon existence était de trop, il n'avait qu'à faire un signe et j'étais bel et bien supprimé.

Sur cela, j'allais chercher un asile auprès d'un vieil ami à moi, le brave Ressoul-Pacha, qui avait été, dans le temps, gouverneur du Kurdistan, et là je me tins coi, tâchant de me faire oublier. Comme Loris n'vait que des pouvoirs limités et qu'il n'osait guère m'atteindre dans ma retraite, j'y resta jusqu'au moment de notre départ.

Pour retourner à Tiflis, je me mis en bonne compagnie: d'ailleurs, Loris avait fini par s'en remettre à l'état-major, lequel s'était chargé de me mettre la muserolle par des moyens plus détournés, mais tout aussi sûrs.

LES VAINQUEURS AUX CHEVAUX.

————

A Tiflis on m'avait préparé des trappes à n'en
plus finir, toutes savamment dressées. L'interprète
Maximoff y ayait épuisé toute sa linguistique, plus
sa pacotille de fourberies officielles. En effet, l'interprète avait eu soin d'attirer à lui les prisonniers
les plus importants, Hussein-bey, mon ami, le premier;
pour leur recommander de tout nier sur le drame
de Kars, commençant par mon stratagème, jusqu'à
l'exécution de Riza.

„Dites", leur dit-il Maximoff, „que tout cela n'est
qu'un compte fantaisiste sorti de toute pièce de la
cervelle d'Osman-bey, et vous pouvez être certain
qu'on fera tout pour vous autres. S. A. I., c'est le
frère du grand Czar, c'est un ange de bonté : il n'a
qu'à dire un mot et personne n'osera vous toucher,
ni ici, ni à Constantinople."

„Mais il faut que vous niez tout, tout, entendez-
vous, puisqu'il s'agit d'une intrigue diabolique
d'Osman-bey."

„Voyez-vous; a-t-il pu rester chez vous autres!"

Afin de donner plus de force à ses beaux discours, on s'empressa d'inviter Hussein-bey à dîner: d'abord, se furent des familles princières qui se mirent en frais pour lui; puis le tour vint au Grand-Duc. S. A. I. fit un accueil des plus grâcieux à son prisonnier et en le congédiant, il lui remit un souvenir de prix, tel qu'il convenait à un si haut donnateur. Hussein-bey s'est bien gardé de me montrer le cadeau qu'il reçut: pourtant l'existence d'un cadeau est incontestable, et voici pourquoi.

Mon ami avait un beau cheval gris et le Grand-Duc en fit l'acquisition. Hussein prétendit qu'il l'avait présenté gratuitement à S. A. I.: chose qui n'est guère admissible. Il y eut donc échange; et un échange entre un si petit homme et un si grand personnage ne saurait se faire que dans des proportions de 1 à 10.

Quoiqu'il en soit, ces grâcieusetés mêmes devaient être basées sur un critère de *qui pro quo*, ou comme dit M. de Bismarck, sur la base *do ut des*.

On a dû faire signer à Hussein-bey et à ses compagnons une déclaration qui annulle tout ce que nous soutenions au sujet de la prise de Kars. C'est là la seule explication plausible de toutes ces intrigues, de toutes ces grimaces avec Hussein-bey. En dehors de cela, que pouvait l'état-major tirer de lui? Absolument rien.

D'ailleurs, Hussein-bey, lui-même, laissa percer

le bout de la ficelle et compromit toute l'intrigue. Voici comment cela se fit.

Un jour, je mis mon ami devant moi et je commença à le questionner sur quelques points contradictoires qui se trouvaient dans les dépositions des prisonniers et d'autres témoins de la chute de Kars. Hussein-bey essaya d'abord d'infirmer quelques unes de ses dépositions, tirées du vif, le jour même de notre entrée à Kars. Mais, moi je tins bon, lui reprochant même son manque de bonne foi et de franchise. Se voyant ainsi serré de près, Hussein-bey ajoute d'un ton narquois:

„Oui, alors je devais dire cela, et, à présent, je dois dire ceci!“

Pauvre malheureux! Il espérait qu'en crachant sur ce qu'il avait dit auparavant, sur la vérité non-frelatée, du cru, il se ménagerait l'appui des ducs et des princes russes. Il a été fumeux cet appui, en effet. Voici que douze années se sont dévolues depuis lors, et Hussein-bey pourrit dans son cachot, sans que les Maximoff, les Troubetskoi et encore moins le Grand-Duc, songent à l'en retirer.

Après le départ des prisonniers, en Mars, commença la course au clocher de tous les vainqueurs, pardon, des héros de Kars; qui tous s'attendaient à être portés en triomphe au milieu d'une pluie de décorations et de sabres d'honneur. Qu'on ne prenne point cela comme une charge, car c'est la pure vérité.

Selon Loris, pas moins que 77 personnes ont présenté des mémoires pour prouver, comme deux et deux font quatre, que ce sont bien eux qui avaient pris Kars, qui par les oreilles, qui par les pattes, qui enfin par la queue. Le refrain de chaque mémoire était: croix au cou, sabres d'honneur, épaulettes de général et leur train. Même cette mazette de Kischmischoff[1]) prétendait avoir pris Kars; lui. qui n'avait pas pu trouver quelqu'un pour y porter ma lettre!

Le courant était trop fort, comme on voit; il m'entraina. Aussi, sans perte de temps, me présentai-je au prince Mirsky, l'alter-ego de S. A. J. pour lui faire part de ma résolution à paraître sur le turf des vainqueurs à une pair de jambes.

Mirsky, qui a été toujours très sympathique et très bienveillant à mon égard, ne put s'empêcher de sourire, d'autant plus, que mon apparition à Pétersbourg ne pouvait manquer de produire du gâchis. Le prince me fit payer quatre cents roubles à tête de frais de route et me remit un certificat assez flatteur. Les termes, dans lesquels ce document était rédigé, avaient pourtant quelque chose de vague: rien n'y était dit au sujet de ma part dans la prise de Kars.

Je crus de mon devoir de faire à ce sujet mes

---

[1]) Aujourdhui général Kischmischoff. Kischmischoff, veut dire, raisin sans pépins. Le nom fait beaucoup rire les dames de Tiflis.

remontrances, et comme j'y insistai, Mirsky s'excusa
en disant:

„Voilà tout ce que je puis constater!"

Et comment aurait-il pu faire autrement, quand
la nouvelle de l'arrivée prochaine de Loris-Melikoff
avait déjà mis Pétersbourg sens dessus-dessous, quand
les frotteurs du Palais d'hiver étaient en train de préparer l'escalier d'honneur pour la réception officielle
du vainqueur de Kars; quand enfin gardes et pages
piétinaient et allongeaient leurs cous pour voir
arriver le nouvel Alexandre, la gloire de la Russie!

Mirsky savait bien que tout cela n'était que
de la farce. Mais, osait-il affronter le courroux,
la puissance de Loris, de Milutine et de Katkoff;
bref, pouvait-il se mettre en travers de ce courant
irrésistible que ces intrigants et ces menteurs avaient
réussi à pousser devant eux?

Le prince Mirsky était trop prudent pour briser
une lance en faveur du droit méconnu. Mais, s'il
l'avait osé, il aurait été pulverisé du coup.

Je dus donc contenter de ce qu'il me donnait:
je partais sur le camp, par la voie de Vladikavkas,
qui est la plus directe, mais qui, cette fois-ci, prouva
être la plus longue. En effet, tout le long ce
n'était qu'une série non interompúe de chariots, de
caravanes et que sais-je: c'était la débâcle de la
guerre. Aussi, fallait-il, à tout bout de champ,
s'arrêter, crier, et agiter la *nagaika*, fouet caucasien
très éloquent.

Pas de moyens, non plus, de trouver des chevaux de rélai; les héros plus gros que moi m'avaient, comme de raison, devancé et avaient tout enlevé. A la station de Kazbek, la poste impériale vint heureusement à mon secours, et voici comment.

J'abordai résolument les postillons, pas la baïonnette au canon, mais un billet de dix roubles à l'extremité de mes doigts. Mon audace fit bon marché de toute résistance et triompha de tout scrupule: une place me fut accordée sur le fourgon, à condition, bien entendu, que je m'y tiendrai aussi bien que je pourrai.

Jamais de ma vie je ne me souviens d'avoir souffert la torture que j'eus à supporter depuis Kazbek jusqu'à Vladikavkas!

Tout le monde connait la gravure qui représente Mazeppa lié au dos d'un fougueux cheval. C'était justement là ma pose, avec cette différence qu'au lieu de reposer sur le dos gras et mou d'un cheval, je me tenais accroché des deux mains à des barres en fer et à des chaînes. Et l'impitoyable fourgon qui roulait du haut des montagnes en bas, traversant comme l'éclair les ponts, les tunnels, et que sais-je!

Et cette course endiablée se faisait au milieu de la plus profonde obscurité. En arrivant à Vladikavkas, j'était littéralement broyé.

Une fois en gare, tout était pour le mieux: car en Russie les stations de chemins de fer sont des palais roulants. Aussi, est-il permis de s'étonner qu'il n'y ait des locataires de vagon, des gens, c'est à dire, qui établissent leur domicile en vagon. Ça serait un peu cher, c'est vrai, mais on y vivrait en Lucullus, tout en changeant d'air et de paysage.

En arrivant au débarcadère de la Nicolaïevskaia, je m'attendai d'y trouver des aides de camp, ou des laquais chargés de recevoir et féliciter le vainqueur de Kars. J'attribua cela à un oubli et je pris place, philosophiquement, dans un droscky à 60 kopecks.

Le lendemain, tout frais et flamboyant, je me mis en course résolu de donner de mes nouvelles à ceux qui semblaient se soucier un peu de ma personne. Le premier à recevoir ma visite, ce fut le bon et brave général von Hayden, chef d'état-major: puis j'alla faire la courbette à notre commandant en chef, le Grand-Duc Michel; de là, je passai chez le ministre de la guerre et ainsi de suite, chez les autres gros bonnets.

Par tout, je rencontrai la plus exquise politesse, monnaie courante dans l'empire des Czars qui remplace avantageusement le métallique: mais rien de plus. Des félicitations et des remerciements, pas même l'ombre. Pour le monde officiel, je n'étais qu'un touriste qui s'était, par hasard, trouvé sur le terrain, la nuit de l'assaut, et qui était par cela même le meilleur témoin du miracle fait à la pointe des baïonettes.

J'attendis une quinzaine: au bout de ce temps, voyant qu'on persistait à l'entendre de cette oreille là:

„Ah mâtins!" me dis-je, „c'est comme cela que vous faites? Attendez! . . . je vais vous faire danser tous sur le bout de mes deux doigts. . . Vous allez voir!

En effet, sans plus attendre, je me mets à rediger un mémoire, pas trop long, pas trop court, qui finissait par une mise en demeure, d'avoir à convoquer un jury d'honneur, chargé de décider qui était le vrai vainqueur de Kars parmi les 78 concurrents.

Muni de ce brandon, je me présente à S. E. le général Milutine, ministre de la guerre, et je le lui remets, en ajoutant: „Que j'ai assez fait pour la Russie, pour mériter un tout autre accueil.

Le ministre me répondit que, certes, on prendrait mon cas en considération. Et-il tint parole; puisque mon mémoire fit éternuer toute la gent des *tschinovniks*, et en chœur: on aurait dit qu'ils venaient tous de priser un mélange, râpé-cayenne!

Ces éternumnents prolongés faillirent se transformer en attaques hystériques, chez le Grand-Duc, où l'on se senti le plus chatouillé par ma demande, de soumettre mon cas à l'arbitrage d'un conseil *ad hoc.*

„Un conseil de guerre pour décider qui a pris Kars! . . Et nos bulletins officiels! qu'en ferons nous après cela? . . . Mais sapristi! Que Loris nous débarrasse d'Osman-bey . . . d'où diable est-il venue, celui-la?

On fait appeler sur cela Loris-Melikoff et on lui enjoigne de faire tout son possible afin de me fermer la bouche et d'empêcher tout scandale. Loris me fit appeler, en effet, en toute hâte. Je le trouvai installé dans une résidence princière, située dans la rue Serkievskaïa. L'accueil qu'il me fit avait quelque chose de phénoménal: ce n'était plus cette figure sinistre, noire, que j'avais vu, il y deux mois à Erzéroum; pas du tout. Cette fois j'avais devant moi un visage qui, doux, presque fascinateur.

La métamorphose était trop visible pour que je m'y laissa prendre.

D'emblée, le général me prodigua les assurances les plus formelles et les plus chaleureuses de camaraderie, de dévouement et que sais-je!

„Moi, le premier“, dit-il, „je reconnais tout ce que nous vous devons: et je le proclame tout haut devant le Grand-Duc, devant tous. De mes mains je vous attacherai, au cou, la croix de St. Vladimir; j'y tiens et je le ferai, vous pouvez y compter!“

Comme le lecteur comprendra aisément, toutes ces belles promesses n'étaient qu'un leurre, ayant pour but de me donner le change et permettre ainsi à Loris et aux autres de terminer leurs propres affaires.

On me tint ainsi en suspens pendant plus d'un mois; rien qu'avec des grimaces et des belles paroles. Est-ce que je ne le compris pas? Oui; mais que pouvais-je faire? Absolument rien! Pouvais-je lutter avec tout ce monde?

Au milieu de mes courses affolées, j'allai un jour faire visite à Lazareff, qui était descendu à l'Hôtel d'Europe, non loin de la place Michel. J'y trouvais le général en excellente humeur; Lazareff était toujours le même et surtout à l'égard d'un compagnon d'armes. Aussi notre entretien fut-il des plus cordiaux et des plus sans façons. Sans que je m'en doutasse, j'allai pourtant essayer une surprise que le brave général se proposait de me faire. L'incident, qui va s'ensuivre, mérite l'attention du lecteur, vu l'importance qu'il a au point de vue historique.

Il faut donc que je dise, tout d'abord, que ni moi, ni le général, nous n'avions fait aucune allusion à la grosse question, la prise de Kars: nous nous étions bornés à rafraîchir notre souvenir, tout en causant, à tort et à travers, sur ce qui se passait à Pétersbourg.

Lorsque je fus sur le point de prendre congé, Lazareff se leva et m'accompagna jusqu'au milieu de la salle d'attente, où trois ou quatre de ses aides de camp se tenaient debout. Tout à coup, le général s'arrête; un changement subit a lieu dans sa mine et dans le ton de sa voix; et aussitôt il me lance, à brûle pourpoint, cette apostrophe:

„Vous dites, Major, que vous avez pris Kars?" Quoique cette attaque à l'imprévue vint d'un si rude gaillard, je sus néanmoins tenir bon: je riposta même, comme il fallait:

„Général“, en fixant Lazareff dans la prunelle des yeux, „à l'assaut vous teniez la place d'honneur. Vous ne pouviez pas savoir ce que nous faisions-nous, qui tirions les ficelles par derrière vous!“

Lazareff resta applati: ce colosse devint aussitôt si petit, qu'il me suivit, sans proférer mot, jusqu'au bout des escaliers. On aurait dit que je le conduisait en lesse. Ce qui contribuait le plus à le mortifier, c'est que la scène avait eu lieu en présence de ces mêmes aides de camp, qui étaient censés devoir servir de témoins de ma défaite et de ma confusion. Comme ses propres armes s'étaient tournées contre lui, Lazareff en était tout confus.

Cet incident vint à propos pour me montrer que je n'avais que des ennemis. Une fois que Lazareff s'était prononcé contre moi, que pouvais-je m'attendre des autres.

Une idée héroïque, qui me vint à l'esprit en ce moment, c'était de porter plainte à l'Empereur lui-même. Je dus pourtant y renoncer, convaincu que cela ne servirait à rien. Ceux qui s'imaginent que le Czar est un autocrate, qui tranche tout selon son gré, sont dans l'erreur. Qu'ils sachent donc que le Czar de toutes les Russies, n'est autre chose que l'esclave des gros mâtins qui l'entourent.

Supposons que le Czar veuille vous donner la

main, et que les gros mâtins s'interposent: savez-vous ce qui vous arriverait? Vous serez mordu, mis en pièces, par les gros mâtins, avant que vous ayez pu toucher le bout du doigt impérial.

D'ailleurs, la mort de presque tous les empereurs de Russie à lieu dans ces conditions. Afin de se protéger contre la meute de chiens qui l'entourent et se débattent autour de lui, le malheureux Czar leur fourre dans la gueule à qui une cotelette, à qui un gigot, à qui enfin les restes du panier.

Du moment où la distribution cesse, le pauvre souverain est bel et mort: aussitôt les mâtins affamés s'élancent sur lui et le mettent en pièces.

Connaissant toutes ces variantes, je me tins loin et du Czar et des mâtins et je pris mon billet pour Tiflis, où l'on m'avait promis un modeste emploi.

C'est ici le lieu de faire savoir à mes lecteurs que je n'ai jamais eu d'emploi officiel et fixe au service de S. M. le Czar. A Kars, je servai en volontaire: et comme tout le monde m'écoutait et que ma volonté était faite après tout, je ne me suis guère soucié, ni de titres, ni d'appointements. Pourquoi combattai-je, moi, si non pour écraser mes ennemis et chasser les Anglais? Or, une fois que ce but était atteint, je considérai le reste comme au dessous de moi.

Pour ce qui me concerne donc, les avaleurs de sabres et de décorations pouvaient se bourrer le ventre à souhait. A propos de mes relations avec l'état-major, les ministères, etc., je dois faire une remarque qui ne manque pas d'avoir son côté piquant et même grotesque.

Les Russes ont été assez naïfs pour croire que ce sont eux qui m'employaient et qui me faisaient faire ce qu'is voulaient, tandis que c'est tout à fait le contraire qui a eu lieu.

En effet, qui de nous deux peut dire d'avoir atteint son but, moi ou eux? Les Russes voulaient anéantir la Turquie, prendre Constantinople et que sais-je encore, et ils n'y sont pas arrivés. Moi, je voulais corriger tout simplement mes compatriotes et les arracher des mains des Anglais: les deux buts, je les ai réalisés, grâce à Dieu, et d'une manière éclatante.

Veut-on une preuve que les Russes n'ont pu faire de moi ce que bon leur semblait?

Quand on me proposa d'aller au Turkestan, je refusa net, car, je ne me serai jamais prêté à jouer le rôle de faucon qui sert à attraper des autres oiseaux. Les peuplades musulmanes de l'Asie central avaient bien le droit de jouir de leur indépendance. Si les Wolf, les Vambéry, des Juifs, ont joué ce rôle en attirant les avides chrétiens dans ces régions, un Osman-bey, Kibrizli-zadé, ne pourra jamais se faire un instrument de servage entre les mains de n'importe quelle puissance.

Les peuples musulmans ont tout autant de

droit à l'indépendance que toute autre nation ou réligion.

Après cette digrission, revenons au Caucase, où j'étais allé chercher la place succulente qu'on m'avait promise à Pétersbourg.

Cette place je ne l'ai jamais eu, pour la bonne raison qu'elle n'existait pas: si même elle eût existé, elle n'était pas d'après ma mesure. C'est ce que j'appris de la bouche du général Pavloff, qui, en l'absence du Grand-Duc, posait en fac-totum Caucasien.

Une fois qu'on m'eut ainsi montré la porte, il ne me restait d'autre chose à faire que de rebrousser chemin et aller demander raison de ceux qui s'étaient tout bonnement moqué de moi.

Cette fois-ci pourtant les filous l'échappèrent belle. Faute d'argent, il me fut impossible de pousser jusqu'à Pétersbourg; je dus m'arrêter à Moscou, où je tombai aussitôt dans la plus complète misère. Qu'il suffise de dire qu'à l'anniversaire de la prise de Kars, le vainqueur frilotait, entortillé dans un *bourka* circassien et n'avait que quelques *kopeks* pour se remplir le ventre.

Au même moment, pourtant, au Kremlin et au palais d'hiver la bande des faux vainqueurs vidaient les bouteilles de champagne par centaines, au milieu de speechs patriotiques et de hourrahs étourdissantes.

Le tableau était complet. La joyeuse compagnie des filous, en plein délice: leur victime, accroupie dans un coin, se meurt de faim et de froid! Cela se passait le 6/18 novembre 1879.

Dans ma detrésse, j'allai frapper à la rédaction de Katkoff qui avait déjà patronné mes écrits, et je lui proposai d'écrire pour son journal le récit de la prise de Kars. Je pensai que c'était là le meilleur moyens de faire parvenir ma voix en haut lieu. L'article en question fut agréé, l'honoraire qui me revenait me fut ponctuellement payé, mais le public russe attend encore la publication de mon récit.

Est-ce que, par hasard, la censure est intervenue dans l'affaire? Non pas que je sache!

Le fait est que Katkoff était, à mon insu, partie et cause: et voici comment. Ce journaliste se trouvait avoir entre les mains une toute petite conspiration, ourdir dans le but de mettre Alexandre II sous tutèle. Les conspirateurs étaient trois et pas plus, d'abord venait Katkoff, lui-même, puis Milutine, le Barnum qui a Loris et sa légende, enfin Loris, qui devait figurer comme dictateur, pour le compte de ses associés. La chose, comme l'on sait, a réussie complètement.

Or, l'on voit d'ici le sort qui attendait mon pauvre manuscrit. A peine Katkoff l'eut-il entre ses mains, qu'aussitôt il le passe tout chaud à ses complices: ceux-ci, sans autre cérémonie, le confisquent et personne ne l'a plus revu.

En lisant ce récit, mes lecteurs, peuvent croire que je parle d'une aventure qui s'est passée au milieu des fameux lazaronis ou des non moins célèbres pick-pockets de la metropole britannique. Pas le moindre du monde: ces faits me sont arrivés à moi en pleine civilisation russe en pleine orthodoxie et au milieu de la crême du high life!

Des amis communs étant sur cela intervenus, Loris dut enfin m'accorder une sorte de dédommagement. Comme dictateur il lui était d'ailleurs impossible de laisser courir plus longtemps dans les rues un pareil scandale. Aussi m'accordat-on, par l'entremise de l'état-major, une pension de 125 francs par mois, plus une décoration de Sainte Anne, 3me classe.

C'était assez pour dire, que la Russie ne laisse crever de faim ceux qui la servent, et pas assez pour que l'on ait pu dire — „donc, Osman-bey a pris Kars, et pas Loris-Melikoff."

Quant aux 125 francs, ils sont fumeux, ceux-là! Moi qui perd 8,000,000 nets d'héritage, pour m'être pris à la gorge avec les Anglais, les Turcs, les Juifs, etc.: me voilà condamné, par mes bons amis les Russes, à végéter comme un excocher de fiacre, jusqu'à la fin de mes jours. Il n'y a pas à dire: les Russes sont un peuple hospitalier, plein d'élan et de sentiments généreux. Ainsi veut, au moins, la chanson.

De guerre las, j'acceptai tout: et j'aurais accepté n'importe quoi; excepté une chose, la rétractation de ce que j'affirmais et j'affirmerai toujours par rapport à la prise de Kars. Sur ce point je n'aurais jamais fléchi: pour le reste, je pouvais donc céder, en disant: „Tout est perdu, sauf l'honneur.“

Je ne tardai pas, pourtant, à avoir ma revanche et voici comment. A peine que j'eus réussi à mettre la frontière entre moi et mes riveaux, aussitôt je lançai mes conférences sur la prise de Kars, au milieu d'une vaste réclame et d'une sensation difficile à décrire. La primeur, je la donna à l'état-major allemand, dans la grande salle de l'Hôtel de Rome.

Le matin tous les principaux journaux de la capitale étaient pavoisés avec des compte rendus sur ce fait d'armes, qu'on avait jusqu'alors considéré comme prodigieux et inexplicable.

De Berlin je me rendis à Paris. Là, même affolement: les Salles du Boulevard des Capucines et de la rue Lancry bondaient de curieux, qui tenaient à s'expliquer comment une forteresse de premier ordre avait pu être prise d'assaut, à la baïonnette.

Pas content de ces succès, je resolus de donner à Loris et consorts le coup de grâce, en faisant paraître dans un des principaux journaux le récit qu'on m'avait séquestré à Moscou. C'est le „Temps“ qui s'en chargea, et cela en raison d'une pique que son correspondant de guerre, M. de Koutouly, avait à l'égard de l'état-major du Caucase.

„Ah!“ se dit Koutouly, „vous avez voulu me

mystifier; prenez vos mystifications pour ce qu'elles valent. Voici le récit d'Osman-bey!"

Le tour était joué, et moi, je triomphai, montrant à qui de droit que la vérité est comme la lumière; elle finit toujours par se frayer un chemin à travers les épais brouillards du mensonge et de l'intrigue.

„Mais, pourra me répondra quelque Russe malin, vous avez crié et écrit autant que ça vous a plu: qu'avez-vous gagné après tout?"

Qu'est-ce que j'ai gagné? voilà une question saugrenue! Mais, que puis-je désirer davantage, une fois qu'il m'a été donné, à moi petit homme d'un mètre et quelques pouces, de faire échec et mat au grand état-major de l'empire russe!

Afin de convaincre les incrédules, je dirais que l'échec et mat résulte des publications, faites par moi du sujet de la prise de Kars, et voici comment.

Le devoir incombe à l'état-major de publier l'exposé officiel des opérations des armées russes pendant la dernière guerre d'Orient. Fidèle aux us et coutumes en vogue dans les états-majors de tout état civilisé, l'état-major russe a fait préparé son canevas et ramassé tout les documents, pouvant servir à la compilation du récit officiel. Le gros de la tâche est ainsi fait et rien ne s'oppose à l'achevement de l'œuvre, si ce n'était ce passage où l'on doit expliquer comment Kars a été pris.

Ce passage, en effet, arrête les plumes et trouble

15*

les cervaux, puisque l'on se trouve là devant un dilemme. Ou l'on doit faire semblant d'ignorer complètement mon récit, ou bien, il faut l'admettre.

Or, si on passe outre, sans faire mention de moi, de toute côté on se recriera:

„Voyons, voyons, vous ne dites pas un mot au sujet du récit du major Osman-bey: mais nous en avons tous pris note; et comme aucun démenti n'est venu jusqu'ici l'infirmer, nous devons le considérer comme autentique et digne de foi. Votre récit officiel, par contre, ne peut être accepté que sous bénéfice d'inventaire!"

Pschut! les voilà coulés.

„Reste l'autre alternative: celle, c'est à dire de faire mention de nous et de notre récit: mais en ce cas aussi, le même monde, les mêmes spectateurs friands en incidents grotesques, se mettraient à siffler, tout en ajoutant":

„Eh! voyons donc, pour qui est-ce que vous nous prenez! Voici copie de vos bulletins officiels; ici vous ne parlez que du miracle opéré par vos baïonettes: et cet Osman-bey, d'ou sort il à présent!"

Quelle impasse! Quel affreux dilemme!

Des états-majors brillants, des armées vaillantes se voient arrêtées court par un seul homme, qui leur intime.

„Ne bougez pas! ne soufflez mot!"

Tous doivent courber la tête et se taire; et pourquoi?

Parceque le droit, un droit imprescriptible et indéniable, est du côté du seul homme: le mensonge et l'injustice sont du côté opposé. Si la prise de Kars est un fait d'armes unique, la confusion et la honte qui couvrent les prétendus vainqueurs n'offrent point de parallèle dans les annales militaires!

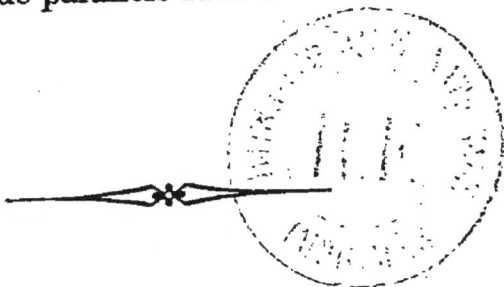

Druck der Deutschen Verlags- und Buchdruckerei-Aktien-Gesellschaft, Berlin SW., Königgrätzerstr. 41.

Verlag von Friedrich Luckhardt, Berlin SW.,
Königgrätzerstr. 41.

Die Befestigungskunst und die Lehre vom Kampfe.

Streiflichter von J. Scheibert, Königlich Preußischer Major a. D.

Theil III.: Weitere Entwickelungen und Ueberblicke.

1. **Allgemeine Gesichtspunkte.**
   Einleitung. — Das Ingenieurwesen.
2. **Geschoßwirkung und Dampf.**
   Heutige Bedeutung der Festungen. — Resultate.
3. **Brisanzgeschütze.**
4. **Anwendung auf die Festungen.**
   Der Festungsangriff im Allgemeinen. — Der durchgeführte Angriff: a das erste Festsetzen, b) die Geschützaufstellung, c) der Schlußangriff, d) Nachwort. — Die Vertheidigung incl. Festungsbau. — Folgerungen auf die Vertheidigung. — Resultat. — Blicke in die zukünftige Befestigungstaktik.
5. **Personelle Kräfte.**
   Organisation der Dampfkraft. — Der Pionierdienst. — Die Ingenieuroffiziere.

Preis des III. Theiles Mk. 8,—.

Theil IV.: Vorschläge.

1. **Allgemeine Umgestaltung des deutschen Festungswesens.**
   Rückwärtige Oeffnung der Festungen des Westens. — Erhaltung der Festungen des Ostens.
2. **Improvisirte Befestigungen.**
3. **Neue technische Erfindungen.**
4. **Bauliche Vorschläge.**
5. **Allgemeine Aufgabe der Eisenbahnen bei der Neugestaltung.**
6. **Stimmen des Auslandes.**
   Schlußbemerkung.

Preis des IV. Theiles Mk. 8,—.

---

v. Arnim, Oberst. Die Schlachten-Taktik sonst und jetzt, besonders mit Rücksicht auf die heutigen Aufgaben der Infanterie beim Angriff. Eine taktische Studie. Mk. 1,00.

— — Zur Entwickelung der Taktik. Zwei Essays über verschiedene der wichtigsten Fragen der neuesten Taktik. Separat-Abdruck aus der „Deutschen Heeres-Zeitung". Mk. 1,00.

v. Boguslawski, Generalmajor. Die Entwickelung der Taktik von 1793 bis zur Gegenwart. Theil II. (Die Entwickelung der Taktik seit dem Kriege 1870—71.) 3. Auflage. 3 Bände. Mit 2 Skizzen. à 6 Mk. = Mk. 18,00.

— — Die Hauptwaffe in Form und Wesen. Eine Ergänzungsschrift zur „Entwickelung der Taktik". Mit 5 Figuren. Mk. 4,00.

— — Der kleine Krieg und seine Bedeutung für die Gegenwart. Mit 5 Skizzen. Mk. 3,00.

Kunz, H., Major a. D. Von Montebello bis Solferino. Mk. 3,00.

Krieg 1870—71.

Bazaine, Marschall, Feldzug des Rheinheeres vom 12. August bis 29. Oktober 1870. Mit vielen Karten und Plänen, sowie urkundlichen Beilagen. Autoris. Uebersetzung . . . . M. 8,—

— Episoden aus dem Kriege von 1870 und der Belagerung von Metz. Im Auszuge übersetzt von Wevers . . . . „ 2,40

Bazaine und die Rheinarmee nach Noisseville. Von H. E. . . . . „ 0,75

Betrachtungen, Kritische, über die Niederlagen der Armee des zweiten Kaiserreichs. Mit 1 Karte „ 1,20

v. Boguslawski, A., Die Fechtweise aller Zeiten. In ihren Hauptmomenten dargestellt. Mit 2 Plänen und Skizzen . . . . „ 1,00

v. Erlach, Franz, Aus dem deutsch-französischen Kriege 1870—1871. Beobachtungen und Betrachtungen eines schweizerischen Wehrmannes . . . „ 1,0—

Faidherbe, General, Feldzug des französischen Nordheeres in den Jahren 1870—1871. Autorisirte Uebersetzung. Mit Uebersichtskarte . . . „ 2,—

Faidherbe und seine Gegner im Feldzuge 1870—1871. Von C. v. B. . . . . „ 2,—

v. Glasenapp, G., Der Feldzug von 1870—1871. Mit Portraits, Plänen, Stellenskizzen u. s. w. 2 Theile „ 4,50

Hoenig, Fritz, Zwei Brigaden. Eine kriegsgeschichtliche Studie. Mit Plänen . . . . „ 4,—

Kunz, H., Der Feldzug der ersten deutschen Armee im Norden und Nordwesten Frankreichs 1870—1871. Mit 6 Skizzen . . . . „ 4,—

Stompor, Emil, Bazaine und die Rheinarmee. Nach den neuesten Quellen bearbeitet. Mit 3 Plänen . „ 5,—

Streiflichter auf die französische Heeresleitung während des Krieges 1870—1871. Von G. v. M. „ 5,—

Tanera, Carl, Die I. französische Loire-Armee. Mit 4 Plänen . . . . „ 4,—

Walter von Walthoffen, Betrachtungen über die Thätigkeit und Leistungen der Kavallerie im Kriege 1870—71 . . . . „ 2,—

Wolff, A., Preußens und Frankreichs Vorbereitungen zum Kriege 1870—1871 und der Beginn desselben „ 2,—

Druck der Deutschen Verlags- und Buchdruckerei-Aktien-Gesellschaft, Berlin SW. Königgrätzer Straße 41.

www.ingramcontent.com/pod-product-compliance
Lightning Source LLC
Chambersburg PA
CBHW071650200326
41519CB00012BA/2460